听专家田间讲课

火龙果栽培关键技术

蔡永强　主编

中国农业出版社

编 著 者 名 单

主　编　蔡永强

副主编　马玉华　王　彬

编著者　（按姓名音序排列）

蔡永强　陈　楠　马玉华　毛永亚

彭志军　王　彬　王立娟　王　壮

张绿萍　郑　伟　周俊良

出版说明

CHUBAN SHUOMING

保障国家粮食安全和实现农业现代化，最终还是要靠农民掌握科学技术的能力和水平。为了提高我国农民的科技水平和生产技能，向农民讲解最基本、最实用、最可操作、最适合农民文化程度、最易于农民掌握的种植业科学知识和技术方法，解决农民在生产中遇到的技术难题，中国农业出版社编辑出版了这套“听专家田间讲课”丛书。

把课堂从教室搬到田间，不是我们的最终目的，我们只是想架起专家与农民之间知识和技术传播的桥梁；也许明天会有越来越多的我们的读者走进校园，在教室里聆听教授讲课，接受更系统、更专业的农业生产知识与技术，但是“田间课堂”所讲授的内容，可能会给读者留下些许有用的启示。因为，她更像是一张张贴在村口和地头的明白纸，让你一看就懂，一学就会。

本套丛书选取粮食作物、经济作[illegible]果树等作物种类，一本书讲解一种作物或一种技能。作者站在生产者的角度，结合自己教学、培训和技术推广的实践经验，一方面针对农业生产的现实意义介绍高产栽培方法和标准化生产技术；另一方面考虑到农民种田收入不高的实际问题，提出提高生产效益的有效方法。同时，为了便于读者阅读和掌握书中讲解的内容，我们采取了两种出版形式，一种是图文对照的彩图版图书，另一种是以文字为主、插图为辅的袖珍版口袋书，力求满足从事农业生产和一线技术推广的广大从业者多方面的需求。

期待更多的农民朋友走进我们的田间课堂。

2016 年 6 月

目录

MU LU

第一章 概述

火龙果又名红龙果、仙蜜果、情人果等，属仙人掌科量天尺属和蛇鞭柱属植物。火龙果原产中美洲的热带地区，是该地区的重要水果。目前约有 20 个国家将量天尺属的火龙果发展成新兴果树作物，中美洲的一些国家，以色列、越南、泰国、中国及美国南部地区有人工栽培。蛇鞭柱属的黄龙果，仅哥伦比亚有大面积的商业栽培。目前商业栽培类型，以白肉类型及红肉类型火龙果为主。

火龙果是一种新兴的热带、亚热带果树，作为近年来正在开发和发展的新、特、优、高农业项目，既是生态农业，又是高效农业，生产和消费符合生态与环保潮流。火龙果兼具水果、花卉、蔬菜的特点，又有很好的营养价值和很高的经济价值。其果实营养丰富，具有低脂肪、高蛋白、食用纤维素含量高、高磷脂、低热量等特点，有预防便秘、高血压、高尿酸及降低血脂的辅助食疗功效。

火龙果花营养丰富，富含糖、有机酸、膳食纤维、蛋白质和多种维生素，膳食纤维的含量达17.4%，蛋白质为15.0%。火龙果花所含的17种氨基酸中，含人体必需的8种氨基酸，占氨基酸总量的43.8%。火龙果花含有人体需要的磷、钾、钙、镁、锌、铁和硒等矿质元素，其中以钾、镁、磷和钙含量较丰富。

火龙果5～10月可多次开花结果，每年约有6个月的时间果实分批成熟，从而可源源不断地满足市场对鲜果的需求。

第二章 主要种类和品种

一、主要种类

仙人掌科植物按植物学分类分为108属，近2 000种。仙人掌科果树主要分为三大类：攀缘类，以量天尺属和蛇鞭柱属为主；刺梨类，以仙人掌属的梨果仙人掌为主；圆柱状仙人掌，以仙人柱属为主。

量天尺属火龙果茎粗而长，一般长30～150厘米，宽3～8厘米，其分枝较多，枝条多为三棱形，边缘呈波浪状或圆齿状。枝条颜色一般为深绿色或绿色，光滑无毛；另外，有些品种的枝条表面附着白色粉状物或边缘具木栓化，刺座上有1～6根展开的刺，刺呈锥状、针状、弧状等。火龙果的花，朵形较大，又名霸王花、剑花、天尺花、龙骨花、七星剑花；花漏斗状，长

25～30厘米，直径15～25厘米，于夜间开放；花托及花托筒密被淡绿色或黄绿色鳞片，鳞片卵状披针形至披针形，长2～5厘米，宽0.7～1厘米；萼状花被片黄绿色，线形至线状披针形，长10～15厘米，宽0.3～0.7厘米，先端渐尖，有短尖头，边缘全缘，通常向外翻卷；瓣状花被片白色，长圆状倒披针形，长12～15厘米，宽4～5.5厘米，先端急尖，边缘全缘或啮蚀状，开展；花丝黄白色，长5～7.5厘米；花药长4.5～5毫米，淡黄色；花柱黄白色，长17.5～20厘米，直径6～7.5毫米；柱头20～24根，线形，长3～3.3毫米，先端长渐尖，开展，黄白色。花期5～11月。成熟火龙果花具有清肺、止咳、镇痛等作用，《岭南采药录》中早有记载，“此植物颇类火秧簕，但火秧簕茎方形，而此则茎三角形而较大……止气痛，治痰火咳嗽，和猪肉煎汤服之。”现代中医著作《常用中草药手册》一书中也曾提及量天尺属植物的花具有清热润肺、止咳等功效。量天尺属植物约有18种，分布于中美洲、西印度群岛、委内瑞拉、圭亚那、哥伦比亚及秘鲁北部地区，我国南部地区有栽培，贵州、海南、广西、广东、台湾等地亦有野生。

蛇鞭柱属火龙果茎细而长，棱边数为2～12，靠气生根攀缘生长。茎上的刺主要有基本退化、针形、毛状3种形态；花有白色、黄白色和红色，外花被黄色、粉红色至褐色，内花被呈白色，花朵筒状部分具有鳞片、毛、刚毛或刺。果实卵圆状或椭圆状，果皮红色或黄色，有刺。本属植物约有28种，产于美洲热带地区。

各地栽培的火龙果种类与品种繁多，就市场上常见的种类而言，根据其果实的外形特点，可将火龙果分为红皮白肉、红皮红肉、红皮粉肉以及黄皮白肉几类。

二、主要栽培品种

火龙果在我国栽培的历史，最早追溯到17世纪中期，由荷兰人携入我国台湾进行栽植。到20世纪中期，台湾从中南美洲地区引进其他种类栽植。我国大陆于20世纪80年代从台湾引进种植。通过长期优良种质资源的收集、鉴选与改良，我国选育出了适宜不同地区种植的系列火龙果新品种。

1. 紫红龙 紫红龙是贵州省果树科学研究所历经9年选育出的，适宜在贵州低海拔、高热量区域种植的火龙果新品种之一，于2009年12月通过贵州省农作物品种审定委员会审定。成熟期为每年7～12月，已在贵州省罗甸县、关岭县、贞丰县、望谟县、册亨县、镇宁县等地推广种植数万亩*。该品种每年结果10～12批次，从现蕾到开花需要15～21天，谢花后到果实成熟一般需要28～34天。果实圆形，果皮红色，果肉紫红色，果形指数1.03，鳞片红色，基部鳞片反卷；枝条平直、粗壮，整体绿色，刺座周围木栓化及缺刻不明显；风味独特。2007年10月获首届中国成都国际农业博览会金奖，同年11月获第三届贵州农产品展销会名特优产品。

紫红龙平均单果重0.33千克，最大0.60千克，可食率83.96%以上，可溶性固形物含量11.0%。贵州省南盘江、北盘江、红水河谷海拔700米以下，赤水河谷海拔500米以下，年均温

* 亩为非法定计量单位，1亩约为667米^2。——编者注

18.5℃以上，常年1月气温高于−1℃的区域适合种植，需人工辅助授粉。

2. 晶红龙 晶红龙是贵州省果树科学研究所从普通白玉龙中发现的芽变单株，经系统选育而成的白肉类型品种，于2009年12月通过贵州省农作物品种审定委员会审定。晶红龙四季均能生长，每年结果7～9批次，从现蕾到开花16～18天，从开花到果实成熟28～34天。果实长椭圆形，果形指数为1.40，果肉白色，种子黑色，可食率73.3%，可溶性固形物含量12.0%。平均单果重400克。果实鳞片黄绿色、平直，果皮紫红色，厚度0.30厘米。枝条平直、细长，整体绿色，边缘木栓化及缺刻明显，刺座较稀，且着生于凹陷处。外花被片末端渐尖、边缘深绿色，花瓣米白色，柱头黄色，与花药高度齐平，末端未分叉。果实营养丰富，口感一般，具有较强的抗旱性。

晶红龙平均亩产1 250～1 500千克。贵州省南盘江、北盘江、红水河谷海拔700米以下，赤水河谷海拔500米以下，年均温18.5℃以上，常年1月气温高于−1℃的区域适合种植。

3. 粉红龙　粉红龙是贵州省果树科学研究所从火龙果新红龙发现的芽变单株，经系统选育而成的粉红肉类型品种，于2009年12月通过贵州省农作物品种审定委员会审定。该品种每年结果9～10批次，从现蕾到开花16～18天，从开花到果实成熟30～38天。果实椭圆形，平均单果重340克，果肉粉红色，种子黑色，果形指数1.22，可食率为78.5%，可溶性固形物含量11.7%。果皮红色，厚度0.29厘米，果实鳞片成熟时为黄绿色。枝条平直、粗壮宽大，整体绿色，边缘木栓化及缺刻不明显，刺座较稀，且着生于凹陷处，肉质茎表面具白色粉状被覆物。外花被片末端较尖，边缘及中心红绿色，花瓣深黄色，柱头黄色，长于花药，末端分叉。果实营养丰富，口感较好。具有较强的抗旱性。

粉红龙产量偏低。贵州省南盘江、北盘江、红水河谷海拔700米以下，赤水河谷海拔500米以下，年均温18.5℃以上，常年1月气温高于−1℃的区域适合种植。

4. 黔果1号　贵州省果树科学研究所于2008年发现紫红龙的优质变异单株，经观察鉴定选育而成，2015 年 6 月通过贵州省农作物品种审定委员会审定。该品种植株长势强。肉质茎缺刻明显，整体绿色，无覆盖物，嫩梢红色。刺针状，刺座周围木栓化，着生于肉质茎凹陷处。花上端的长外花被末端渐尖、边缘紫红色，花基部的小外花被边缘及中心有红线，无皱褶；内花被白色。柱头细长，末端不分叉，淡黄色。柱头比花药长。果实椭圆形，果萼端开口小且深，果肉紫红色，种子黑色，果形指数 1.31，平均单果重 460 克，最大单果重 786 克，可食率 81.6%，可溶性固形物含量 13.6%，可滴定酸 0.37%。果实着色好，不易裂果，风味浓。三年生果园平均亩产 1 089.6 千克。

适宜在贵州省南盘江、北盘江、红水河河谷海拔 600 米以下（主要包括罗甸县、望谟县、贞丰县、册亨县、关岭县、镇宁县、安龙县）、常年 1 月最低温度 0℃以上的区域种植。

5. 黔果 2 号 贵州省果树科学研究所于 2009 年发现紫红龙的优质变异单株，经过观察鉴定选育而成，2015 年 6 月通过贵州省农作物品种审定委员会审定。肉质茎缺刻平缓，整体绿色，无覆盖物，嫩梢红色。刺针状，刺座周围木栓化，着生于肉质茎突起处。花上端的长外花被末端渐尖，中间黄绿色，末端红色，花基部的小外花被片边缘及中心有红线，无皱褶；内花被纯白色。柱头粗短、末端不分叉，淡黄色。花药与柱头等长，可相互碰触，减少人工授粉。果实圆球形，果肉紫红色，种子黑色，果形指数为1.16，平均单果重215克，可食率为79.5%，可溶性固形物含量13.8%，可滴定酸0.39%。果实着色好，不易裂果，风味浓。三年生果园平均亩产871.1千克。

适宜在贵州省南盘江、北盘江、红水河河谷海拔600米以下（主要包括罗甸县、望谟县、贞丰县、册亨县、关岭县、镇宁县、安龙县）、常年1月最低温度0℃以上的区域种植。

6. 晶金龙 晶金龙是贵州省果树科学研究所用罗甸火龙果园中的晶红龙单株芽变选育而成的白肉类型品种，2016年6月通过贵州省农作物品种审定委员会审定。该品种枝条平直、粗壮，缺刻不明显，刺座朝上，边缘木栓化；花呈筒状，雌蕊柱头花丝较长，花萼绿色，底部花萼短小，外花被顶端微红。果实近圆形，果形指数为1.12，鳞片基部红色，尖端绿色，果皮深红色。平均单果重320克，可食率68.3%，可溶性固形物含量13.0%，钙含量104.29毫克/千克。果肉白色，风味清香、味甜，近果皮处有红色丝状物。年结果8批次左右。果实营养丰富，口感较好。经过3年区试统计，平均亩产1 684.3千克。

适宜在贵州省南盘江、北盘江、红水河河谷海拔600米以下、最低温度0℃以上的区域种植。

7. 桂红龙1号 桂红龙1号火龙果是广西农业科学院园艺研究所、博白县农业技术推广中心、博白县东平镇新业火龙果种植专业合作社共同从普通红肉火龙果选育的芽变单株。2014年通过广西非主要农作物品种审定。该品种不需要人工授粉。果实近球形，果实较大，纵径8.0～12.5厘米，横径7.0～12.0厘米，鳞片浅绿、较长、中等厚、不反卷，鳞片顶部呈紫红色；不易裂果；平均单果重533.3克。果皮玫瑰红色，厚度0.30～0.36厘米。果肉深紫红色，肉质细腻，易流汁，味清甜，略有玫瑰香味，中心可溶性固形物含量 18.0%～21.0%，边缘可溶性固形物含量 12.0%～13.5%，品质优良。种子黑色，中等大，较疏。

在自然授粉情况下，二年生平均亩产 1 064.78千克，三年生平均亩产 1 856.54 千克，四年生平均亩产 2 869.75 千克。

8. 美龙 1 号 美龙 1 号火龙果是广西农业科学院园艺研究所、广西南宁振企农业科技开发有限责任公司从越南引进的哥斯达黎加红肉和白玉龙杂交组合后代实生苗中筛选出的优良单株。2016 年通过广西非主要农作物品种审定。该品种树冠圆头形，枝条绿色、较细，边缘有褐色棱边，分枝性中等。花冠大型，花萼筒大小中等，花瓣白色，雌蕊比雄蕊略长，自然结实。果实椭圆形，平均纵径 12.4 厘米、横径 8.6 厘米，平均单果重 525 克，果皮鲜红色、厚度 0.24 厘米，鳞片较长，绿色或黄绿色；果肉大红色，可食率 76%，果肉中心可溶性固形物含量 20.1%，边缘可溶性固形物含量 14.9%，肉质脆爽，清甜微香。

2013—2015年于广西农业科学院、振企公司的蒲庙联团基地以及那马品种试验园试种，第2～3年亩产1 107.0～1 869.8千克。

9. 美龙2号 美龙2号火龙果是广西南宁振企农业科技开发有限责任公司从红翠龙选育的芽变后代，于2014年7月通过广西壮族自治区非主要农作物品种登记。该品种为自花授粉品种，植株生长势中等，枝条粗壮，略有波纹。果实近球形，果皮红色带紫，皮厚，鳞片宽；500克以上的大果率约61%，单果重500～1 000克，最大单果重1 000克以上。果肉紫红色，可溶性固形物含量20%，肉质细滑，味清甜，品质优。常温货架期5～7天，不裂果，成熟留树期10～30天，综合抗病力中等。在广西南宁露地栽培，头批果6月中旬成熟，末批果于12月上旬成熟，夏季花后30～35天果实成熟。该品种果型较大。丰产、稳产，果实品质佳，可食率约为84%，耐贮性好。种植后第二年就可开花结果，正常管理的条件下亩产600～750千克，第三年进入旺果期，亩产1 400～2 300千克，肥水管理较好的，亩产可达3 200千克以上。

10. 莞华红 莞华红火龙果由东莞市林业科学研究所、华南农业大学园艺学院从红水晶火龙果实生繁殖群体中通过单株优选而成，审定编号为粤审果 2015004。该品种植株生长比较旺盛。扦插苗定植后第二年开始结果，谢花 25～45 天果实成熟。果实近椭圆形至球形，平均单果重 376.69 克，可食率 89.1%，果皮鲜红色，鳞片中等偏疏，果皮厚 0.2 厘米。果肉紫红色，品质优良，肉质软滑，可溶性固形物含量 14.5%，总糖含量 11.3%，可滴定酸含量 0.168%。

二年生和三年生亩产分别为 635 千克和 1 737千克。

11. 粤红火龙果 粤红火龙果由广东省农业科学院果树研究所、连平县大福林农业有限公司从莲花红 1 号火龙果繁殖群体芽变单株中选育而成，审定编号为粤审果 2015005。粤红火龙果植株生长旺盛，嫁接或扦插苗定植后第二年开始结果，谢花 25～40 天果实成熟。果实椭圆形，整齐均匀，80%以上果实平均单果重大于 400 克。果皮浅红色，鳞片较稀疏，果皮厚 0.34 厘米。果肉紫红色，品质优良，肉质爽脆、酸甜适中，可溶性固形物含量14.4%，总糖含量10.0%，还原糖含量9.1%，可滴定酸含量0.45%。

三年生、四年生和五年生植株亩产分别为1 520千克、2 120千克和2 480千克。

12. 莞华红粉 莞华红粉火龙果由东莞市林业科学研究所、华南农业大学园艺学院从红水晶火龙果实生繁殖群体中通过单株优选而成，审定编号为粤审果2015012。该品种植株生长比较旺盛，扦插苗定植后第二年开始结果，谢花25～45天果实成熟。果实近圆形，中等大，整齐均匀，平均单果重239克，可食率75.3%。果皮浅红色，鳞片较稀疏，果皮厚0.2厘米。果肉白色，近果皮处粉红色，可溶性固形物含量15.9%，总糖含量11.1%，可滴定酸含量0.17%。

二年生和三年生亩产分别为468千克和1 169千克。

13. 仙龙水晶 仙龙水晶火龙果由广州仙居果庄农业有限公司、广东省农业科学院果树研究所共同选育，审定编号为粤审果2016002。该品种植株生长旺盛，扦插苗定植后第二年开始结果，谢花 25～40 天果实成熟。果实椭圆形，整齐均匀，平均单果重 325 克。果皮粉红色，果皮厚 0.30 厘米。果肉白色，肉爽、清甜，可溶性固形物含量 15.4%，总糖含量 11.2%，还原糖含量 9.11%，可滴定酸含量 0.119%。

丰产性能良好，三年生、四年生和五年生植株亩产分别为 1 620.67 千克、2 530.00 千克和 2 933.33千克。

14. 粤红 3 号 粤红 3 号火龙果由广东省农业科学院果树研究所、广州仙居果庄农业有限公司共同选育，审定编号为粤审果 2016003。该品种植株生长旺盛，枝蔓扭曲。扦插苗定植后第二年开始结果，谢花 25～40 天果实成熟。果实圆球形，整齐均匀，平均单果重 285 克。果皮粉红色，果皮厚 0.20 厘米。果肉白中带粉，肉质细软、清甜，可溶性固形物含量 14.1%，总糖含量 9.54%，还原糖含量 8.97%，可滴定酸含量 0.145%。田间表现对火龙果溃疡病具有较强抗性。

丰产性能良好，三年生、四年生和五年生植株亩产分别为 1 394.80 千克、2 178.00 千克和

2 530.00千克。

15. 大红 大红火龙果是20世纪90年代我国台湾选育出来的红肉火龙果优良品种，属自交亲和型。大红品质优良，深受广大果农喜爱，在台湾火龙果产区进行了大面积推广种植。近年来，广西、广东等地先后从台湾引进大红火龙果种植。2009年福建省农业科学院果树研究所从广东引进种植。大红火龙果植株长势强、早果性好，生产上可免人工授粉，自花授粉率100%。果形指数1.13，果皮上的鳞片分布较稀，且较粗短。平均单果重428.7克，最大可达620.0克。果肉红色，可溶性固形物含量15.6%～21.0%，可食率68%～79%。耐贮运，室温下可贮放15天左右。丰产性好，丰产时亩产可达3 000千克以上。

16. 其他

(1) 石火泉。21世纪初通过杂交育种，在我国台湾选育出的自交亲和型红肉火龙果，该品种适合在台湾中部地区栽培，于台湾南部地区栽种会出现枝条晒伤的情况（特别在7～8月高温期）。自花授粉的情况下，果形偏小，生产上仍需人工辅助授粉。石火泉火龙果因果皮及鳞片都偏薄，故不耐贮运。

(2) **密宝**。昕运国际有限公司昕运农场以中南美洲火龙果原生种与中国台湾本地白肉种进行杂交选育出来的品系。该品种挂果期较长，果皮转红后1周不采果也不裂果，栽培上需人工辅助授粉。密宝火龙果果形偏大，平均单果重约625克，最大可达1 000克。果实偏圆形，鳞片短，糖度高。果实耐贮运，室温下可放置5天，低温(5℃)冷藏条件下可贮藏2周以上。

(3) **红水晶**。红皮红肉种，自花亲和性不强，生产上需异花授粉提高产量。枝条较一般红肉品种细，颜色深绿色或墨绿色，针状刺。外花被片红色。果实偏小，鳞片红色、反卷，果实糖度高，不易裂果。

(4) **白水晶**。为红皮白肉种。枝条较细，颜色深绿色或墨绿色，针状刺。果实偏小，果皮上带刺，果肉带透明状，糖度高，不易裂果。

(5) **黑龙**。蛇鞭柱属火龙果，红皮红肉。枝条细而长，肉质茎较一般红肉火龙果厚，刺座基本退化。花托基部及花被片均为红色，花瓣为白色，雄蕊数量较一般红肉种少。果皮带刺，果实小，糖度高。

(6) **帝龙**。我国台湾中部地区种植者所选育出来的品系，该品种生长势较弱，果萼较短，容易裂果，栽培技术要求较高，管理不佳果实会偏酸，早、末批次采收的果实较大。

(7) **福龙**。我国台湾中部地区种植者所选育出来的品系。该品种果形较帝龙大，生长势强。福龙火龙果7～8月采收的果实较大，果萼较长，不易裂果，枝条较厚，比较耐强日光暴晒，刺多而长，果皮较厚，果肉带有微香气。

(8) **莲花**。为红皮红肉火龙果品种。枝条边缘缺刻平缓，表面附着白色粉状物。果实鳞片细长、反卷，较易裂果。

(9) **喜香红**。我国台湾地区实生选育的品种。红皮红肉种，自花亲和性强。果重中上，果实具有香味，风味佳。

(10) **密龙**。由我国台湾凤山热带园艺试验分所将黄龙与红肉种进行杂交育种选育而得。该品种果实偏小，近果梗处果皮带刺，果实带甘蔗甜味，风味佳。

（11）**黄龙果**。为黄皮白肉种。花期长，花大而香。其夏季与秋冬季的果实生长期不同，夏季果实成熟需 10 周左右，秋季和冬季果实成熟需 18 周。与红皮种火龙果相比，果实较小，产量较低。果皮鲜黄色，分带刺和不带刺两类。果实具芳香味，糖度高，可溶性固形物含量可达 20%。哥伦比亚有大量栽培，我国目前未广泛种植。

第三章 种苗繁育

一、嫁接苗繁育

(一) 嫁接苗的特点

火龙果的嫁接是把植株的一部分枝条移接到另一植株枝条的适当部位，使两者愈合生长成新植株的繁殖方法。接在上部的枝称为接穗，承受接穗的火龙果植株称为砧木，用嫁接方法培育的火龙果苗木称为嫁接苗。

嫁接苗的地下部分是砧木发育成的根系，具有砧木根系生长发育的特点，可以通过选择砧木的方法，从而影响接穗的生长，增强嫁接苗对环境的抗逆性及适应性；也可通过选择不同类型的砧木来影响火龙果植株的性状。

火龙果嫁接苗繁育有如下优势:提高植株的抗逆性及适应性;高接改换良种;加快良种苗木繁殖。

（二）嫁接的生物学原理

接穗及砧木的愈合是嫁接成活的关键。愈合过程分为嫁接部位薄壁细胞的生成、愈伤组织的形成、新形成层的形成、新维管组织、新木质部与韧皮部的生成几个步骤。嫁接时，具有分生能力的火龙果接穗，紧密地放到刚切开的砧木切口中，使两者的形成层紧紧地靠接在一起。在适宜的温度和湿度条件下，接穗与砧木伤口处形成层部位的细胞会大量增殖，产生新的薄壁细胞。新生成的薄壁细胞，分别包围砧、穗原来的形成层，很快使两者相互融合在一起，形成愈伤组织。新愈伤组织的边缘，与砧、穗二者形成层相接触的薄壁细胞进一步分化，形成新的形成层细胞。这些新形成层细胞离开原来的砧、穗形成层不断向里面分化，穿过愈伤组织，直到与砧穗间形成层相接，形成一种新的形成层。这些新形成层细胞分化产生新的维管组织，并向内产生新木质部，向外产生新韧皮部，实现了砧穗之间维管系统的连接。影响火龙果嫁接成活的因素较多，通常有如下几点：

1. 嫁接亲和力及生活力 亲和力是指嫁接

中砧木与接穗之间通过愈伤组织愈合在一起，形成新植株的能力。如果砧穗间没有亲和力，嫁接苗不能成活。亲缘关系近的种质，亲和力强。具有亲和力的嫁接组合中，砧木与接穗的生活力也是影响嫁接成功的内在因素，如果砧、穗生活力遭到破坏，同样也不会嫁接成功。

2. 外界环境条件

（1）**温度**。不同的火龙果品种愈合所要求的温度不同，但一般在25℃左右为宜。

湿度：愈伤组织的薄壁细胞既薄且软，不耐干燥。最佳的湿度是保持愈伤组织经常覆盖一层水膜，否则成活率降低。

（2）**光照**。光照对嫁接愈伤组织的生长具有抑制作用，在黑暗的条件下，愈伤组织生长快，长得多，有利于嫁接成活。因此，嫁接接口应遮光。

（3）**嫁接技术**。砧穗形成层密接，才能使双方的薄壁细胞形成愈伤组织，产生新的形成层，所以形成层密接是嫁接成活的前提和关键。此外，嫁接时务必注意远端与近端的衔接不可颠倒，接穗形态上的近端要接到砧木上的远端，否则无法正常生长。

（三）砧木培育

选择无病虫害、生长健壮、茎肉饱满的植株，将其剪成25厘米左右的茎段，基部削去2厘米茎肉只留木质部，在处理过程中不要伤到木质部，在阴凉处放3～5天，待伤口风干后扦插于营养钵或营养袋中。置于遮阴的塑料大棚内，茎段扦插后保持基质湿润，不宜浇水，待砧木生根后即可进行嫁接。

（四）嫁接时期

冬季低温时期，天气阴冷潮湿，嫁接后伤口难以愈合，因此嫁接时期最好选择在3～10月。

（五）苗木嫁接

火龙果嫁接选择在晴天进行，在进行嫁接前要浇透水，接穗应选择适度成熟的健康枝条。嫁接方法主要有平接法、插接法、靠接法、套接法、楔接法。

1. 平接法 用嫁接刀将接穗横切成3～4厘米的茎段，接穗基部要切平，待伤口风干，在砧木茎部往上20厘米处用横刀切成平面，把接穗与砧木的切面对准，要求砧木和接穗的切口务必平滑干净，力求砧木和接穗吻合不留空隙，使其有尽可能大的接触面，再将切好的接穗中心部粘贴在一起，最后用棉线绑牢固定或用牙签固定。

2. 插接法 适用于成熟枝条，先将接穗横切成3～5厘米的茎段，再将接穗下端1厘米左右的肉质去掉，深度以接近木质部为原则，再在砧木茎部往上20厘米左右处用刀横切成平面，用刀纵向把砧木的一个棱剖开，但不能削下，深度与接穗下端所削去的棱的长度相对应，将接穗插入砧木，使切口充分对准，用棉线将砧木和接穗绑牢固定。

3. 靠接法 削取3～5厘米的接穗，将接穗一边的棱的肉质部分削去2厘米左右，深度以靠近木质部为准，再在砧木茎部往上20厘米左右处用刀横切成平面，用刀削去砧木的一个棱，长度与接穗下端所削去的棱的长度相对应，深度仍以接近木质部为准，将接穗剩下的棱放于砧木削去的棱的位置，与砧木靠在一起，切口应充分对准，用棉线绑牢固定或用牙签固定。

4. 套接法 适用于成熟枝条。削取3～5厘米的接穗，去掉中间的木质部；去掉砧木相应长度的肉质部，留下木质部，然后将接穗的肉质部套住砧木的木质部即可。

5. 楔接法 先将砧木顶端横切一刀，接着在顶端横切过的中心部用嫁接刀纵切一裂缝，但不宜过深，然后将接穗下部用嫁接刀削成楔状，削后立即插入砧木裂缝中，砧木与接穗两者的维管束要尽量吻合。

嫁接方法以楔接法效果最好，成活率可达93.3%，且节省接穗不伤砧木，为目前生产上最常用的嫁接方法；其次成活率较高的是平接法，成活率为73.3%，但平接法较慢，不易固定；成活率最低的是套接法。为充分利用冬季修剪材料和砧木，也可部分使用靠接。

（六）嫁接苗的管理

嫁接好的苗应遮阴。不能采取苗床洒水或喷雾的方法增加空气湿度，以免水喷溅到嫁接口形成伤口感染，降低嫁接成活率，最好采取地面漫浸的方式来增加空气湿度。此期若土壤不是太干燥，最好不要淋水，如果过于干燥必须灌水时，必须保证水不喷溅到嫁接口上。28～30℃的条件下，嫁接4～5天后，接穗与砧木颜色接近，伤口结合面愈伤组织基本形成，二者维管束已经愈合，表明嫁接已成活。嫁接成活后即可进行正常的管护，20～30天接穗开始抽发新梢，新梢长至5厘米以上后苗木即可出苗圃。

二、扦插苗繁育

（一）扦插枝条准备

选择优质、无病虫害的健壮植株，采集棱宽1.5厘米以上、棱厚0.2厘米以上、色深、健壮的枝条。将剪下的枝条截成20～30厘米茎段作插条，刀口处可用灭菌灵粉或高锰酸钾消毒。将插条基部的三棱削成斜面，使插条基部呈楔形，并露出1厘米左右的木质部，放在阴凉通风处晾3～5天扦插。可以将插条基部用600毫克/升的NAA（萘乙酸）或者IBA（吲哚丁酸）浸泡20分钟，促进插条生根再进行扦插。

（二）扦插基质

1. 基质及配制要求 育苗的配比基质主要

有草炭土、蛭石、田园土、锯末屑、青冈壳。锯末屑采用竹木加工的锯屑或经过碎化的脚料和林木采伐废弃物，按8∶2的比例与人粪尿或牲畜粪混合，并经沤制腐熟后使用。

2. 基质配比 以草炭土∶蛭石按3∶1或锯末屑∶猪粪∶田园土按1∶1∶2配制的基质扦插效果较好，生根率和萌芽率高达93%以上。

3. 基质消毒 用50%甲基硫菌灵500倍液或50%多菌灵800倍液喷洒基质，堆积后用薄膜覆盖3～4天。

（三）扦插苗培育

1. 育苗时间 火龙果育苗时间为每年4～11月。

2. 扦插量 扦插深度为3～5厘米，株行距为20厘米×15厘米。

（四）扦插后的管理

火龙果扦插后初期尽量少浇水，在生根前若基质不是太干，一般不浇水，若过于干燥，可适当浇水，保持基质表面处于湿润偏干的状态，避免基质的湿度太大。同时，要避免淋雨和烈日暴晒，雨季最好用塑料薄膜挡雨，同时塑料薄膜也在一定程度上起到一定的遮阴效果。枝条扦插20天左右开始生根，35天左右开始萌发，插条生根后要保持基质湿润，但不能积水，可根据湿度1～2周浇水1次。若枝条萌发过晚，可采用GA10～50毫克/千克或6-BA5～20克/千克加0.2%尿素进行根外喷施，以打破休眠，促进萌发。待新梢长到3～5厘米时适当施点清粪水，促使新梢抽生健壮，新梢长至10厘米左右时即可移栽。若不能移栽要及时用竹竿捆绑。

三、组培苗

火龙果组培苗在生产中主要是通过火龙果茎段作为外植体进行培养。其生产过程主要包括以下几个步骤：

（一）外植体的获得

从生长健壮的优良植株上剪取一年生幼嫩的枝条，切成4～5厘米带刺座的小段，用自来水冲洗干净，小心剥去刺座上的小刺和毛，放入500倍高锰酸钾溶液中浸泡消毒40分钟，再放入500倍新洁尔灭溶液中浸泡消毒30分钟，备用。沿波浪形棱缘纵切（即去除髓部）为长、宽各1.5厘米并带有刺座的棱块，置于流水中冲洗2小时，以清除切口上的黏液。在无菌条件下，先用75%酒精浸泡30～45秒，用无菌水冲洗2～3次，再用0.1% $HgCl_2$溶液消毒10～15分钟，不断摇动灭菌瓶，用无菌水冲洗4～5次，然后用无菌滤纸吸干表面水分，切去被药液接触过的切口，切成1厘米左右的小段，接种。

火龙果初代培养过程中，材料污染严重，污染多是在芽眼的刺座处出现，这是因为芽眼处长有丛状的叶刺，外植体不易被清洗干净，消毒剂也较难渗入，灭菌不彻底造成的。因此，要严格按照消毒步骤，将外植体彻底消毒，从而减少污染。但是，有研究表明，保留小刺和茸毛能提高不定芽诱导率，因此，在污染率不是很高的前提下，可以选择保留小刺和茸毛的茎段作为外植体。

（二）初代培养

作为外植体的幼嫩茎段，接种在经高压灭菌的MS培养基上，并在培养室中培养，温度20～25℃，光照强度2 000勒克斯，光照时间14～16

小时/天。外植体在不定芽诱导培养基（MS＋6-BA 2.0 毫克/升＋NAA 0.1 毫克/升）上培养 10 天后，切口处边缘增厚膨大，开始产生绿色的愈伤组织，但生长缓慢；20 天后刺座开始膨大隆起，继而长出不定芽；50 天后刺座不定芽的诱导率达 68%，60 天后刺座不定芽的诱导率达 80%，当不定芽长成丛生状，芽高 1～2 厘米，此时可切取幼嫩的不定芽，并转移到继代培养基上培养。

（三）继代（增殖）培养

将不定芽接种到增殖培养基（MS＋6-BA 4.0 毫克/升＋NAA 0.1 毫克/升）上，添加蔗糖 3%和琼脂粉 0.5%，并调节培养基 pH 至 5.8。经培养 10～14 天后，刺座开始隆起；20 天后刺座处长出带有白色茸毛的小突起，继而长出小芽或丛生芽，并有少量根和气生根形成；40 天不定芽高 3 厘米左右，月增殖系数为 4。当不定芽长势旺盛，茎粗而绿，即适于生根培养。将不定芽再次切割成 0.6～0.8 厘米长的小段，在相同培养基上继代培养，即可获得大量的不定芽。

（四）生根培养

在无菌操作台上，将继代增殖的不定芽切成2厘米左右的小段，接种到生根培养基（1/2 MS+NAA 0.3 毫克/升）上诱导生根，6～7 天后开始长出白色根点，在根系生长的同时，小苗仍继续生长，苗势增强；35 天后长出 5～8 条长约1厘米以上的短根，少数小苗有白色和具根毛的气生根形成。

（五）炼苗

炼苗分为两步：开瓶炼苗和基质炼苗。第一步，将培养室中长好的瓶栽良种苗搬到温室中，打开培养瓶瓶盖，放风 3～5 天，温度 20℃左右，湿度 90%以上，光照强度不能太强，培养瓶中不存水。第二步，放风 3～5 天后，取出培养瓶中的小苗，勿伤根系，把根部附着的培养基洗掉，否则易滋生微生物，影响植株的生长，甚至导致烂根死亡。将洗净后小苗用 ABT 150 毫克/升浸泡 10 分钟，移植到经 1% $KMnO_4$ 消毒的混有 30%椰糠的珍珠岩和泥炭土中，移植后浇透水并保持基质湿润（切勿浇水过多），用农用塑料薄膜盖好保湿，5 天后揭开薄膜，并注意保持基质湿润。2～3 周后炼苗结束，可移栽至大田进行常规栽培管理。

（六）大田移栽

炼苗结束后，选择阴天或晴天下午移栽。取出经过锻炼的小苗（勿伤根系），移栽到室内育苗池中，栽苗时深浅适宜，不能栽深，否则容易烂根。栽后立即喷水，并将其置于弥雾条件下，12 天后进行露地苗床移栽。

第四章 标准园建设

一、园地选择

火龙果为多年生经济作物，在建园时选择适宜火龙果栽培的园地非常重要，应重视以下几个条件。

（一）气候条件

火龙果原产于巴西、墨西哥等中美洲热带沙漠地区，其耐寒性较差，温度是决定火龙果建园地点选择的最主要的因素。火龙果的种植区域年均温理论上应不低于 18.5℃，但随着设施栽培技术的不断提高，年均温的影响已经不再重要。影响火龙果种植最关键的因素是最冷月的最低温及低温的持续时间。火龙果幼苗和成龄树的枝条在 0℃和－2℃即会表现出明显的寒害症状，在短暂的低温后温度回升，寒害的症状就会消失；

火龙果枝条在－4℃下会直接死亡，而在0℃下持续20天也会出现死亡。

（二）土壤条件

火龙果对土壤的要求不是特别严格，不论是沙壤土、黏质壤土或其他土壤类型均可生长，以排水良好、土层达30厘米以上深度的沙质壤土为最佳。但火龙果根系较浅，最好选用疏松透气的土壤，利于根系呼吸。

火龙果对土壤pH的适应范围较广，在弱酸性或碱性土壤中均可生长良好。但是贵州省果树科学研究所在pH为8.6的土壤上成功地种植了火龙果，且生长良好。

（三）水源条件

火龙果虽然耐旱，但火龙果果实生长周期短，仅30天左右，年结果批次多达8～15批，果实生长发育期间所需水分较多，因此选择园地需考虑水源条件。

（四）交通条件

火龙果果实属浆果，不耐贮运。在选择园地时，应选择交通便利的区域建园。

二、园地规划

（一）道路系统

为了田间作业和运输的方便，全园要分成若干个小区，区间由道路系统相连接，园中应设有 4.0～6.0 米宽的主干道，贯通全园的各个小区。区间由 2.0～3.0 米宽的机耕道相连，机耕道与宽 1.5～2.0 米的作业道相连，机耕道与作业道相互垂直。地形变化较大的小区面积要小一些，一般 15～30 亩，地形变化小的小区面积可以扩大，一般每个小区 30～45 亩。每个大区包括5～10 个小区，道路系统所占土地面积为总面积的 5%～6%。小区面积越大，道路系统占地面积的比例越小，所以在环境条件许可时，小区面积可以适当大些。平地小区一般以长方形为好，宽 100 米、长 200～300 米。缓坡地段，行向要南北延长，以使植株能较均匀地接受阳光照射。较陡的坡地，行向要与等高线平行，以配合水平耕作，其作业道一般采用台阶式，与梯面垂直。

（二）排灌系统

火龙果耐旱怕涝，需排灌系统，在建园的同时应设计建造排灌设施。

1. 排水系统 火龙果表土层积水 7～10 天即会导致根系和根部肉质茎的腐烂，随着时间的延长便会导致整个植株的死亡，在建园时，应避免选用地下水位高的地块。平地和缓坡地，可在园内每隔 15～20 米挖一条宽 0.4～0.6 米、深 0.3 米的顺水明沟，即可排水，或者直接采用起垄栽培法栽种。开挖好的梯田，可在梯带内侧挖宽 0.4～0.6 米、深 0.3 米的排水沟。

2. 灌溉系统 近年来，随着喷灌、滴灌和渗灌等先进灌溉技术的开发和应用。火龙果园的灌溉大部分使用滴灌系统进行灌溉。滴灌是将水增压、过滤，通过低压管道送到滴头，以点滴的方式，经常地、缓慢地滴入火龙果根部附近，使植株主要根区的土壤经常保持最适含水状况的一种先进的灌溉方式，该种灌溉方式比常规漫灌可省水 80%～90%，而且不会因土壤含水量过高导致火龙果根系及根部肉质茎腐烂。

面积大的果园可以采用水肥一体化技术。水

肥一体化又称灌溉施肥或水肥耦合，是集成灌溉与施肥，实现水肥耦合的一项农业技术。其通过施肥装置和灌水器，均匀、定时、定量地将肥水混合液输送至作物根系附近，实现水和肥的一体化利用与管理。在每个基地开挖3万$米^3$的水塘，分别设置5个50$米^3$的水肥混合池，并将其分布于5个中心点，然后在水田里布置三级管道，分别是主管、支管和内镶式压力补偿滴灌管，这样可以满足火龙果树对水源的需求。需要注意的是主管和支管都是地埋管道，内镶式压力补偿滴灌管属于地面移动式管道，每亩地的管道长度为50米左右。

三、架材设立

火龙果为多年生攀援肉质植物，主枝需攀附在支撑架上，使其依附生长。不同的支架类型其生产管理方式也不同，在建园时要综合考虑其日后修剪、套袋、采收作业的方便性，并且其单位面积产量和亩投入成本也不同，因此采用的支架要进行综合评估，以期降低其生产成本，并获得最大化的经济效益。

目前，大规模用于商业栽培的支架类型为以下两种方式。

（一）立柱式

大部分已建果园采取此种栽培方式，其材料主要包括水泥柱、水泥方盘两部分。

1. 水泥柱 水泥柱的规格为长 180 厘米，截面为 10 厘米×10 厘米，水泥柱顶端留取长 5～10 厘米、宽 8 厘米的水泥方盘套头，水泥柱柱心放置两根 Φ 6 毫米钢筋，采用水泥、沙和碎石按 1∶2∶3 的比例打制而成。水泥柱入土 50 厘米。

2. 水泥方盘 水泥方盘为窗子形框架，方盘边长 50 厘米，中心方孔 8 厘米，其中心方孔可与水泥柱顶端卡稳。

此种栽培方式每亩定制水泥桩 111 桩，株行距为 2.0 米×3.0 米。种植方法为在水泥柱四周选择定植 3～4 株火龙果苗，并且采用塑料绳或布条捆绑固定，使其枝条沿水泥柱攀至水泥方盘，待枝条生长后从水泥方盘的方孔内穿出使其均匀分布自然下垂，自然下垂的枝条才能抽蕾开花，水泥方盘除主枝以外的侧芽全部剪除。

优点：立柱式种植为独立栽培，不需考虑种植方向和地形地势，并且通风透光性良好，病虫害蔓延速率低，枝条管理上应使下垂枝条向水泥方盘四周均匀分布，以免倾斜，山地果园宜选用此种架式。

缺点：因水泥柱质量较重，在定植时劳务成本较高，每亩定植成本为3 500～4 000元；亩产量较A形支架低，如果每亩按111桩定植，每桩4柱，每亩定植苗木444柱，为A形支架亩需苗木数量的1/2，因此其产量仅为2 000～3 000千克；后期修剪不便，因其在水泥柱四周定植，其生长后期需围绕水泥柱四周进行修剪，造成修剪不便。

（二）A形排架

A形排架为目前新建园区广泛采用的一种新型的定植方式，该种方式的最大特点为种植密度高，亩产量较立柱式高。

其搭架方式主要采用钢管、镀锌钢管为材料交叉架搭成A形，交叉点上方加以水平放置钢筋或埋地柱拉钢索而成，生长的主枝前期通过木条牵引至水平支架上，并采用塑料绳或布条绑附使其平行均匀分布。A形支架的定植为每隔3.0米布置1处支架，每排A形支架之间的间距为3.0米。苗木定植为每隔0.45米定植1株苗木，每亩定植718株。

优点：定植成本低，亩需定植成本仅为2 400～2 600元；可提高枝条的有效利用空间，结果面广，单位面积产量高，且有利于灯照及产期调节。栽种时应注意排向的受光强度（以南北为宜）与受风面（预防倒伏）。平地和坡改梯的果园适宜选用此种架式。

缺点：因此种栽培方式为密集栽培，其通风性较差，不利于病虫害的预防；枝条的生长数量不易控制，需经常进行夏梢和秋梢的修剪。

四、种苗定植

（一）定植前的土壤准备

1. 平整土地

（1）平地。定植前，首先要平整土地，把所规划园地内的杂草乱石等杂物清除，使火龙果园地平整，便于以后作业。

(2) **坡地**。对于坡地建园，应进行坡改梯。坡改梯遵循大弯顺势，小弯取直，梯面与排灌沟渠、道路结合，梯田宽度视坡度而定，每层梯田为了便于田间排水，在梯田背面开挖背沟，背沟与园区排水沟相连。

2. 改良土壤 火龙果生长发育所需的水分和营养元素，主要是靠根系从土壤中吸收。而火龙果为浅根植物，需要疏松透气的土壤。因此，在定植前，应当对土壤进行耕翻，并施入有机肥，如人、畜粪便和堆肥等，以增加土壤透气性。

(二) 定植

1. 苗木选择 选择品种纯正、健壮，无病虫害，根系完整发达的苗木。

2. 定植时期 3～11 月均可定植，以 3～4 月定植最佳。

3. 栽培密度

(1) **立柱式**。111 桩/亩，每根水泥柱桩周围栽植 3～4 株苗，每亩定植 333～444 株。该种栽培方式多用于坡地。

(2) **A形排架**。A形排架的行距为3.0米，排架间每隔0.45米定植1株，每亩定植718株。该种栽培方式多用于平地。

4. 树盘堆积

(1) **立柱式**。将水泥柱四周表土起垄，园土、腐熟青冈壳（或锯末屑、草皮灰等）、农家肥按2∶1∶0.5的比例混匀，使土壤疏松、通透、肥沃。堆定植树盘，树盘高30厘米、直径70～90厘米。

(2) **A形排架**。将A形支架四周的表土起垄，垄高30厘米，宽80～90厘米，长度依据地形而定。垄土按园土、腐熟青冈壳（或锯末屑、草皮灰等）、农家肥按2∶1∶0.5的比例混匀，使土壤疏松、通透、肥沃。

5. 栽植方法

(1) **立柱式**。在离柱脚10厘米处浅植，定植深度为5.0～7.5厘米，将苗茎绑缚在水泥柱上，定植后覆盖薄土，不得踩踏。

(2) **A形排架**。在垄面中央部位挖定植穴，定植穴为圆形，直径5.0～6.0厘米，定置深度为5.0～7.5厘米，将苗茎绑缚在事先扦插好的木条上。

（三）定植后管理

1. 主枝培育

（1）立柱式。定植后主干上所萌发的茎芽，选留靠近上部的生长健壮的1个芽体进行培养，其余芽体全部疏除，待其长至10～15厘米时，采用塑料绳或布条绑附于水泥柱支架上，诱引其沿水泥支柱向上生长。当主干快长至柱顶时进行打顶处理，使其长出不同方位的主枝3～4枝，并诱引主枝下垂。

（2）A形排架的整形。定植后主干上所萌发的茎芽，选留靠近上部的生长健壮的1个芽体进行培养，其余芽体全部疏除，待其长至10～15厘米时，采用塑料绳或布条绑附于事先扦插好的木条上，诱引其沿木条长至水平支架处。当主干快长至柱顶时进行打顶处理，使其长出不同方位的主枝2枝，分别绑附于水平支架的不同方向，待其长至20～30厘米时，进行打顶处理以便其水平方向的枝条生长出结果枝。

2. 土壤管理　在夏、秋两季，利用园内杂草进行树盘和垄面覆盖，能够有效地防止火龙果根系部位土壤水分蒸发，保持土壤湿度，改善火龙果的根际环境，进而可起到夏、秋两季的火龙果园抗旱的效果。此外，覆盖物的腐烂可以增加土壤有机质的含量，增强土壤肥力，防止因夏、秋两季雨水的冲刷导致树盘和垄面土壤的流失，进而导致火龙果根系裸露于土壤表面。火龙果园的覆盖主要以降温、保墒为目的，因此，覆盖一般要在夏季高温和雨水来临前完成。覆盖材料主要采用秸秆、绿肥和杂草等。

没有进行覆盖的果园，要注意树盘和垄面的管理，适时进行树盘和垄面培土、锄草和中耕。利用园内空间可进行绿肥种植，绿肥主要选择生长矮小的豆科植物，如菊苣、白三叶等。

3. 肥水管理 研究结果表明，对红皮红肉火龙果产量和品质影响的较佳氮磷钾配方施肥为：有机质 15 千克/柱、氮（N）0.18 千克/柱、磷（P_2O_5）0.18 千克/柱、钾（K_2O）0.18 千克/柱。每 3 个月施肥 1 次。在此基础上，适当增加有机质肥和钙肥的施用量，则更有利于维持土壤主要营养元素与产量的平衡关系。

4. 及时防治病虫害 火龙果常见的病害为

茎斑病、炭疽病、疮痂病、溃疡病、茎枯病、茎腐病等，虫害为桃蛀螟、果蝇、桑白蚧、蛞蝓、蜗牛、蚜虫、粉蚧等。其中危害较重的病虫害为炭疽病、溃疡病、软腐病、蜗牛、果蝇、桃蛀螟和桑白蚧等。

5. 检查成活率及时补植 对受冻害和旱害的苗木应重截，促发新枝。未成活的植株应立即补栽。

第五章
土肥水管理

一、土壤管理

火龙果的根系从土壤中吸取养分和水分以供其正常生长和开花结果的需要。土壤的营养水平关系到火龙果生长发育状况，土壤结构则决定养分对火龙果植株的供给。土壤管理的目的就是要创造良好的土壤环境，使分布其中的根系能充分地行使吸收功能。这对火龙果植株健壮生长、连年丰产稳产具有极其重要的意义。

（一）土壤管理制度

土壤管理制度是指火龙果株间和行间的地表管理方式。合理的土壤管理制度应该达到的目的是维持良好的土壤养分和水分供给状态，促进土壤结构的团粒化和有机质含量的提高，防止水土和养分的流失，以及保持合适的土壤温度。

1. 清耕法 清耕法，指在果园内除火龙果外不种植其他作物，利用人工除草的方法清除地表的杂草，保持土地表面的疏松和裸露状态的一种果园土壤管理制度。清耕法一般在秋季深耕，春季多次中耕，并对火龙果园土壤进行精耕细作。

清耕法的优点是可以改善土壤的通气性和透水性，促进土壤有机物的分解，增加土壤速效养分的含量，而且经常切断土壤表面的毛细管可以防止土壤水分蒸发，去除杂草可以减少其与果树对养分和水分的竞争。缺点是长期采用清耕法会破坏土壤结构，使有机质迅速分解从而降低土壤有机质含量，导致土壤理化性状迅速恶化，地表温度变化剧烈，加重水土和养分的流失。

2. 生草法 生草法是在火龙果园内除树盘外，在行间种植禾本科、豆科等草种的土壤管理方法。它可分为永久生草和短期生草两类，永久性生草是指在果园苗木定植的同时，在行间播种多年生牧草，定期刈割、不加翻耕；短期生草一般选择一、二年生的豆科和禾本科草类，逐年或越年播于行间，待果树花前或秋后刈割。

生草法可保持和改良土壤理化性状，增加土壤有机质和有效养分的含量；防止水土和养分流失；促进果实成熟和枝条充实；改善果园地表小气候，减小冬夏地表温度变化幅度；还可降低生产成本，有利于果园机械化作业。因此，生草法是欧洲及美国、日本等发达国家广泛使用的果园土壤管理方法。我国果园通常间作一、二年生绿肥作物，自 20 世纪 70 年代后开始推广永久性生草法。

生草栽培法尽管有很多优点，但造成了套种植物和多年生草类与果树在养分和水分上的竞争。在水分竞争方面，以持续高温干旱时表现最为明显，果树根系分布层（10～40 厘米）的水分丧失严重；在养分竞争方面，对于果树来说以氮素营养竞争最为明显，表现为果树与禾本科植物的竞争激烈，但与豆科植物的竞争不明显。此外，随着果树树龄的增大，与生草植物间的营养竞争减少。

3. 覆盖法 覆盖法是利用各种覆盖材料，如作物秸秆、杂草、薄膜等对树盘、株间，甚至整个行间进行覆盖的方法。在用作物秸秆和杂草覆盖时，覆盖厚度一般为 20 厘米以上。常见的覆盖方式有两种，一是整年覆盖，作物秸秆和杂草等覆盖物经过一定时期会逐渐腐烂减少，腐烂后再换新草；二是间断覆盖，采用作物秸秆和杂草覆盖一定时期后将其埋入土内，然后再更换新的覆盖物。此外，在早春薄膜覆盖可提高土壤温度、抑制杂草生长，在后期覆盖银色反光膜，可增进果实着色。

在果树树盘和行间进行覆盖，可以防止土壤水土流失和侵蚀，改善土壤结构和物理性质，抑制土壤水分的蒸发，并调节地表温度。覆盖材料通常采用秸秆、杂草和塑料薄膜。有机覆盖物可使土壤中的有机质含量增加，促进团粒结构的形成，增强保肥保水能力和通透性能。与生草法相比较，覆盖对表土层的作用更明显，而生草对下层土的作用则更明显。由于有机覆盖物的导热率小，因此，地表温度受到外界气温变化的影响也小，但因为春季升温慢，新梢停止生长期以及果实着色与成熟期略为延迟。如用薄膜覆盖，需根据薄膜的使用寿命进行更换，薄膜覆盖除了具备有机物覆盖的优点外，在提高早春土壤温度、增加果实着色、提高果实含糖量、提早果实成熟期、减轻病虫和杂草危害方面更具突出效果。覆盖银色反光膜不但在增进果实着色和提高果实含糖量方面更加明显，还可促进果树的花芽分化。

采用有机物覆盖需草量大，有时易招致虫害和鼠害；长期采用有机物覆盖，易导致根系上浮，由于根系浅生，在土壤水分急剧减少时易引起干旱。使用含氮少的作物、杂草或秸秆进行覆盖时，因微生物的消耗，早期会使土壤中的无机氮减少。

4. 清耕覆盖法 为克服清耕法与生草法的缺点，在果树最需要肥水的前期保持清耕，而在雨水多的季节间作或生草以覆盖地面，以吸收过剩的水分和养分，防止水土流失，并在梅雨期过后、旱季到来之前刈割覆盖，或沤制肥料，这一土壤管理制度称为清耕覆盖法。它综合了清耕、生草、覆盖三者的优点，在一定程度上弥补了三者各自的缺陷。

5. 免耕法 对果园土壤不进行任何耕作，完全使用除草剂来除去果园的杂草，使果园土壤表面呈裸露状态，这种无覆盖、无耕作的土壤管理制度称为免耕法。免耕法保持了果园土壤的自然结构，有利于果园机械化管理，且施肥灌水等作业一般都通过管道进行。因此，从某种意义上说，免耕法所要求的管理水平更高。

（二）火龙果园生草栽培示范

在火龙果园通过种植绿肥植物，探索生草覆盖对火龙果植株生长、果实产量品质、土壤肥力及小气候的影响。筛选出了紫花苜蓿、白三叶、菊苣等草种，一年刈割 2～4 次，刈割后覆盖于树盘。

1. 果园生草后的 pH 和营养不断改善 果园生草后，生草的植株和根系不断死亡，分解成腐殖酸，降解了土壤的碱性。果园连续生草两年，土壤 pH 下降 0.1～0.2。据调查，生草园每年每亩可产鲜草 3 000～5 000 千克，草的分解腐烂极大地丰富了土壤有机质含量。试验表明，生草果园与清耕果园土壤养分有明显的差异，两年生草果园与清耕果园相比，土壤全氮分别增加 50%～70%，有效磷、速效钾分别比对照增加 13%和 11%。

2. 果园生草后土壤温度和含水量的变化 覆盖杂草的火龙果园，比无覆盖杂草的夏季地表温度降低3～5℃，土壤含水量提高5%～10%。形成了既有利火龙果生长，又有利于天敌繁衍与生长发育和根际微生物滋长的环境，改善了火龙果园小气候。

3. 生草栽培对火龙果产量和果实品质的影响 据统计，生草栽培火龙果每亩平均产量比清耕区增加10%～15%，可溶性固形物含量增加0.5%～2.0%。生草栽培能增加单果重和一级果率，改善了果品的外观品质，从果实内在品质看，果实的可溶性固形物和维生素C含量明显增加，维生素C的含量提高了2%～5%，生草栽培还可提高果实中钙的含量。

综上所述，火龙果园生草栽培为火龙果的生长发育创造了良好的水肥气热条件，提高了火龙果的光合效率，为丰产优质奠定了基础，生草栽培对火龙果产量品质及经济效益都有一定的影响，单果重、总产量、一级果率比对照都有一定的提高。果园生草不仅有较好的生态效益，而且有较好的经济效益，主要表现在几个方面，一是直接增加果园收入；二是减少果园投入成本；三是可改善果园生态环境，同时也使果园生物种群及群落发生一定的变化，有利于保护害虫天敌，可以减轻病虫危害，有利于火龙果园害虫的无公害防治。

二、施肥技术

（一）施肥量

火龙果花果期持续时间长，营养消耗较大，因此对肥料的需求量较大，特别是进入盛产期，更应加强对肥水的管理。

火龙果在一年中的养分吸收量减去养分的天然供给量，再除以肥料利用率，即可得出这一年里所需要的施肥量。

肥料吸收量等于一年中的枝条、果实、根系等新长出部分和加粗部分所消耗的肥料量。养分的天然供给量是指即使不施用某种肥料，火龙果也能从土壤中吸收这种元素的量。一般土壤中所含的氮、磷、钾三要素为果树吸收量的1/3～1/2，但应依土壤类型和管理水平而异。

以氮为例，其天然供给量主要来自土壤腐殖质（落叶、腐根及生草、间作物等）所含有机氮的无机化过程。土壤中施用的肥料一部分随着土壤表面径流或深层渗透而流失，一部分经地面挥发，还有一部分为不供给状态。这样，施入土壤中的肥料并不能完全被火龙果植株吸收。由于气候、土壤、肥料种类和形态、施肥方法等不同，肥料利用率差异较大。

（二）平衡施肥

1. 平衡施肥的概念 平衡施肥就是养分平衡法配方施肥，是依据火龙果需肥量与土壤供肥量之差来计算实现目标产量的施肥量的施肥方法。平衡施肥由 5 个参数决定，即目标产量、火龙果需肥量、土壤供肥量、肥料利用率、肥料的有效养分含量。

平衡施肥是联合国在全世界推行的先进农业技术，是农业部重点推广农业技术项目之一。该技术是在枝条分析确定各种元素标准值的基础上，进行土壤分析，确定营养平衡配比方案，以满足火龙果均衡吸收各种营养，维持土壤肥力持续供应，从而实现高产、优质、高效的生产目标。

平衡施肥技术包括以下内容：一是测土，取土样测定土壤养分含量；二是配方，经过对土壤的养分诊断，结合枝条分析的标准值，按照火龙果植株需要的营养“开出药方，按方配药”；三是使营养元素与有机质载体结合，加工成颗粒缓释肥料；四是依据肥料的特点，合理施用。

2. 火龙果平衡施肥的原因 火龙果在一年和一生的生长发育中需要几十种营养元素，每种元素都有各自的功能，对火龙果同等重要，不能相互代替，缺一不可。因此，施肥必须实现全营养。

火龙果是多年生植物，一旦定植即在同一地方生长几年至十多年，必然引起土壤中各种营养元素的不平衡，因此必须要通过施肥来调节营养的平衡关系。

火龙果对肥料的利用遵循“最低养分律”，即在全部营养元素中当某一种元素的含量低于标准值时，这一元素即成为火龙果发育的限制因子，其他元素再多也难以发挥作用，甚至产生毒害，只有补充这种缺乏的元素，才能达到施肥的效果。

多年生的火龙果对肥料的需求是连续、不间断的，不同树龄、不同土壤对肥料的需求是有区别的。因此，不能千篇一律采用某种固定成分的肥料。

目前火龙果施肥多凭经验施用，施用量过少，达不到应有的增产效果；肥料用多了，不仅浪费，还污染土壤。据研究，缺素症的重要原因之一就是土壤营养元素的不平衡。即使施用复合肥，由于复合肥专一性差，也达不到平衡施肥的目的，传统的施肥带有很大的盲目性，难以实现科学施肥的效果。

3. 平衡施肥的好处 平衡施肥可以有效提高化肥利用率。目前火龙果化肥利用率比较低，平均利用率在30%～40%。采用平衡施肥技术，一般可以提高化肥利用率10%～20%。

平衡施肥可以降低农业生产成本。目前火龙果施肥往往过量施用，多次施用，不仅增加了成本，也影响了土壤的营养平衡，影响果树的持续性生产。采用平衡施肥技术，肥料利用率高，用量减少，施肥次数减少，平均亩节约生产成本

10%左右。

平衡施肥可显著增加单果重量，提高果实甜度和品味，使果面光洁，一级果率显著增加。平衡施肥肥效平缓，不会刺激枝条旺长，使树体壮而不旺，利于花芽形成。平衡施肥可有效防治火龙果生理病害，提高植株抗性，增强果实的耐贮运性。

（三）施肥时期与种类

1. 基肥 基肥是较长时期供给火龙果植株多种营养的基础肥料。其作用不但要从火龙果的萌芽期到成熟期能够均匀长效地供给营养，还要利于土壤理化性状的改善。基肥的组成以有机肥料为主，再配合完全的氮、磷、钾和微量元素。基肥施用量应占当年施肥总量的70%以上。

基肥施用时期以早秋为好，一是温度高、湿度大，微生物活动，有利于基肥的腐熟分解。从有机肥开始施用到成为可吸收状态需要一定的时间，以饼肥为例，其无机化率达到100%时，需8周时间，而且对温度条件还有要求，因此，基肥应在温度尚高的秋季进行，这样才能保证其完全分解并为翌年春季所用。二是秋施基肥时正值根系生长的第三次高峰，有利于伤根愈合和发新根。

2. 追肥 追肥又叫补肥，是果树急需营养的补充肥料。在土壤肥沃和基肥充足的情况下没有追肥的必要。当土壤肥力较差或采收后未施入充足基肥时，树体常常表现出营养不良，适时追肥可以补充树体营养的短期不足。追肥一般使用速效性化肥，追肥时期、种类和数量掌握不好，会给当年果树的生长、产量及品质带来严重的影响。

（四）施肥方法

火龙果的施肥应以有机肥为主，配以少量化肥。最适期施用肥料，可减少施肥次数，提高肥料利用率。高温多雨的地区应多次薄施，可提高肥料的利用率。由于火龙果的根系是水平生长的浅根、无主根，侧根大量分布在土壤浅表层，因此火龙果施肥应坚持“高标准施肥，勤施薄施”的原则，即施肥要少量多次，以防烧根、烂根。

1. 幼树施肥 火龙果栽苗20天后开始施肥，结果前以施尿素和复合肥为主，每月施两次，每株一次施尿素25克，另一次施复合肥50

克，两种肥料交替使用。在11月气温下降以前，以农家肥为主，重施1次有机肥，每桩用量10～15千克。

2. 结果树施肥 每年在气温开始回升时以长效农家肥为主，重施1次萌芽肥。在结果期，每次采果后以清粪水或油粑水配以1%磷、1.5%钾肥施放，10天施1次。每年11月最后一批果采完后重施1次有机肥，每桩用量15～20千克。

三、灌溉技术

火龙果园水分管理包括对火龙果进行合理灌水和及时排水两方面。只有进行适时合理的灌水才能实现火龙果优质、丰产和高效益栽培。因此，正确的果园水分管理，满足火龙果正常生长发育的需要，是实现火龙果优质、丰产、高效益栽培的最根本保证。

1. 水分对火龙果生长结果的影响 水是火龙果正常生长发育的最基本条件之一。水分影响火龙果生长、开花坐果、果实生长及果实品质。

通常情况下，适宜的土壤水分条件能供应火龙果充足的水分，确保植株体内各种生理生化活动的正常进行，使植株生长健壮、丰产，提高果实品质。当土壤水分含量过高，土壤的通透能力变差，火龙果正常的生理生化活动受到阻碍。反之，当土壤供水不足时，火龙果会受到水分胁迫的影响。上述两种情况都会影响火龙果的生长和结果，严重时会导致火龙果植株死亡。

2. 果园灌溉技术 过多或过少的土壤水分供应都会对火龙果的生长发育、产量和品质产生不良影响。果园水分管理的目标是在保证火龙果正常生长发育和结果的前提下，通过尽可能少的灌溉而生产出高质量的果实。要实现这一目标，就必须应用现代灌溉技术，采用科学的手段，对火龙果进行合理灌溉。火龙果果园的灌溉，要在灌溉方式、灌溉时间与灌溉量等方面合理决策。

(1) **果园灌溉方式**。近100年来，灌溉技术得到了快速发展，多种灌溉方法在果园中被广泛应用。我们可以把这些灌溉方法划分为四大类群：地面灌溉、喷灌、定位灌溉和地下灌溉。

①地面灌溉。地面灌溉是目前火龙果果园里所采用的主要灌溉方式。所谓地面灌溉，就是指将水引入果园地表，借助于重力的作用湿润土壤的一种方式，故又被称为重力灌溉。根据其灌溉方式，大多采用盘灌（树盘灌水）、穴灌等。但这类灌溉具有易受果园地貌的限制和水分浪费严重等缺陷。

②喷灌。喷灌又称人工降雨。它模拟自然降雨状态，利用机械和动力设备将水射到空中，形成细小水滴来灌溉果园的技术。喷灌对土壤结构破坏性较小，和漫灌相比，能避免地面径流和水分的深层渗漏，节约用水。采用喷灌技术，能适应地形复杂的地面，水在果园内分布均匀，并防止因灌溉造成的病害传播和容易实行自动化管理。喷灌属于全园灌溉，加之喷洒雾化过程中水分损失严重，尤其是在空气湿度低且有微风的情况下更为突出。

③定位灌溉。定位灌溉是指只对一部分土壤根系进行定点灌溉的技术。一般来说，定位灌溉包括滴灌和微量喷灌两类技术。滴灌是通过管道系统把水输送到每一棵火龙果植株下，由1个或

几个滴头将水一滴一滴均匀又缓慢地滴入土中；微量喷灌的灌溉原理与喷灌类似，但喷头小，并设置在树冠之下，其雾化程度高，喷洒的距离小（一般直径为1米左右），每个喷头的灌溉量很小。定位灌溉使土壤水分始终处于较高的可利用性状态，有利于根系对水分的吸收，并具有水压低和能进行加肥灌溉等优点。另外，将微量喷灌的喷头安装在树冠上方还能起到调节果园温度及湿度等微气候的作用；在春天低温到来时进行灌溉能减轻或防止晚霜危害的发生，在夏、秋季可用于降低空气温度和增加空气湿度。

(2) **果园灌溉时间和灌溉量的确定**。土壤液相和气相共存在于固相物质之间的孔隙中，形成一个互相联系、互相制约的统一整体。干旱条件下，土壤中水分含量少，水势低，根系吸水困难，不能满足火龙果生长、结果的需要，从而导致火龙果营养生长不足，产量减少和品质降低。只有在土壤水分含量降低到对火龙果产生不良影响之前进行灌水，维持适宜的土壤水分状况，才能实现火龙果的优质、丰产。但是过多的灌溉，如灌溉次数过于频繁或一次灌溉量过大，会导致土壤中气相所占比重过小，氧气不足，也同样会降低根系的吸水速率，影响火龙果的生长与结果。因此，合理的灌溉水必须考虑火龙果生物学特点，应用科学的方法，确定每次灌水时间及合理的灌水量，将土壤水分维持在合理供水范围内。

火龙果的灌溉时间和每次灌溉量的确定取决于所采用的灌溉技术。在漫灌、喷灌和微量喷灌的条件下，每次灌溉的目的是恢复土壤中的贮藏水分，灌溉时应遵循次数少（两次灌溉之间间隔时间长）、每次灌溉量大的原则；对于定位灌溉中的滴灌，由于土壤失去了贮藏水分的功能，成为简单的水分导体，因此灌溉时采用的原则与漫灌等恰好相反，要求灌溉次数频繁而每次灌溉量小。

对于漫灌、喷灌和微量喷灌，应避免在生长季节里灌溉开始太早或两次灌溉之间的间隔时间太短，否则会因土壤中的水分含量太高而加大水分损失，还会使火龙果处于高消耗状态，蒸腾量变大。在生长季节里，当土壤水势开始降低时就应开始实施滴灌，并且两次灌溉之间的间隔不能太长。否则，会使负责横向水分运输的毛管断裂，每一个滴头能湿润的土壤体积大幅度地减小。在这种情况下，即使延长灌溉时间来增加每次的灌溉量，也不能恢复滴头下方湿润土壤的体积，从而会对火龙果产量和果实品质产生不良影响。

火龙果发芽前后至开花期，此时土壤中如有足够的水分，可以加强新梢的生长，并使开花坐果正常，为当年丰产打下基础。在春旱地区，此次灌水尤为重要。

火龙果新梢生长和幼果膨大期，此期常称为火龙果的需水临界期。这时火龙果的生理机能最旺，如水分不足，枝条夺去幼果的水分，使幼果皱缩而脱落。

火龙果果实迅速膨大期，这次浇水可满足果实膨大对肥水的要求，但这次浇水要掌握好浇水量。

11 月中下旬到翌年 3 月上旬，为了提高火龙果的抗寒性，火龙果园禁止浇水。

3. 排水 火龙果根部最怕缺氧，忌积水，土壤水分过多，透气性能减弱，有碍根的呼吸，严重时会使活跃部分窒息而死，引起落果，甚至导致植株死亡。因此，应做好防涝等排水工作，建好排水沟，多雨季节要做好排水准备。果园内排水沟的数量和大小应根据当地降水量的多少和土壤保水力的强弱及地下水位的高低而定。

第六章 整形修剪

一、整形修剪的意义和作用

火龙果是仙人掌科攀援性果树，由于无发达的木质化主干，一般需搭建支架栽培才能使植株保持一定的树型结构。好的栽培架式除了对火龙果植株起支撑作用外，还应有利于引导火龙果茎蔓的“空间”定向生长，形成良好的立体空间形态结构，以满足植株对光照和通风条件的需求，可协调群体生长与个体生长的矛盾且便于进行一系列的田间管理操作，最终实现优质、高产的生产目标。

不同地形适用架式不同，不同架式需配合不同的整枝方式。在生产上，一般山地果园采用单柱式架式栽培，平地或缓坡地采用连排（篱壁）式栽培架式。

二、整形修剪

火龙果整形方式根据火龙果栽培架式来决定，火龙果单柱式栽培的基本构架是4个主蔓和各9～10个二级分枝（结果枝），主蔓和结果枝的长度、粗度、日龄、空间分布及生长状态等有一定的控制标准。标准植株的培养过程分为两个阶段，即主蔓培养阶段和结果枝培养阶段。遵循着操作技术规程，一步一步实施，即可形成标准植株。火龙果连排（篱壁）式栽培的基本构架是具有1个主蔓和10～12个二级分枝（结果蔓），主蔓和结果蔓的长度、粗度、日龄、空间分布及生长状态等有一定的控制标准。标准植株的培养过程也同样分主蔓培养和结果蔓培养两个阶段。

（一）单柱式栽培整形

1. 主蔓培养 “主蔓培养”阶段是指从苗木定植后，经过选芽、定主蔓、绑蔓引枝等环节，引导主蔓沿着栽培立柱向上生长，跨越立柱顶部水泥放盘（上架），引导主蔓形成n形后，对主蔓顶芽进行打顶的整个过程。以“打顶”作为该阶段结束的标志，此时主蔓呈单干（无分枝）状态，总长度约为 2 米。以生长势中等的品种紫红龙为例，在贵州罗甸于 4 月初定植带根标准苗（母茎长度 30 厘米），在水肥管理较为到位的情况下，经过大约 100 天（6 月下旬）可完成此阶段过程。

（1）**苗木栽植**。宜于 3～5 月栽植，应选择品种纯度高、根系发达和均匀一致的苗木。距立柱的每个平面 5 厘米左右各种 1 株苗，每个立柱共种 4 株。种植宜浅，覆土深度以刚盖过根系 3～5 厘米为宜，亩植 444 株。定植后淋足定根水，宜常年保持树盘耕作层的土壤湿润。

（2）**选芽和定主蔓**。缓苗后，苗木抽生 1 至数个新芽。当（约 70%）生长势最强的新芽长度约 20 厘米时，选留生长势最强的新芽培养为主蔓，将主蔓绑缚于立柱上。宜在完成第一道绑蔓后选定芽，然后将其余新芽去除。定主蔓后应定期喷药进行病虫害防治以保护顶芽，避免病虫危害。

（3）**绑蔓**。随着主蔓不断生长伸长，需及时将主蔓绑缚固定于立柱上，以防止主蔓因自身重力或风吹折断。当主蔓长度达到水泥方盘时，称之为上架。上架前后应注意引导各个主蔓各安其位于水泥方盘的每个阻隔分区中，引导主蔓形成n形。

2. 结果枝培养 结果枝培养是指自主蔓培养过程中，在主蔓n形的拱顶上抽生的新芽中选留新芽培养为结果枝的过程。主蔓的左右两侧各选留5个位置分布均匀、健壮的新芽培养为结果枝，其余芽体抹除。当结果枝长度接近80厘米时进行掐尖打顶。各结果枝自然下垂后，将其分别固定在水泥盘边沿的1/11、2/11、3/11、……9/11、10/11处，当10个（5对）结果枝完成打顶和绑枝的状态后，单个植株形成“一蔓十枝”模式，此时“标准植株”培养完成。

3. 单柱式整形的特征 单柱式栽培，每亩标准结果蔓数量相对固定（4 400条），枝条质量（长度、粗度、枝龄等）相对一致。不同品种类型火龙果的标准结果枝的节间长度、粗度有一定区别。以中等生长势品种紫红龙为例，标准结果蔓长度（80±10）厘米，粗度为（8±2）厘米，平均节间长度为5～6厘米，颜色浓绿，充实饱满，无病虫斑，枝龄 180 天以上（从抽新芽开始计算）。在贵州罗甸于 4 月初定植带根标准苗（母茎长度 30 厘米），水肥管理较为到位的情况下，经过大约 20 个月（即翌年 8 月底），即可形成单个植株“一蔓十枝”树形，完成单柱式栽培的整形过程。

（二）连排式栽培整形

1. 主蔓培养阶段 主蔓培养阶段是指从苗木定植后，经过选芽、定主蔓、绑蔓引枝等环节，引导主蔓沿着撑枝杆向上生长跨越过连杆（上架）后，下垂至距离地面一定的高度后打顶的整个过程。以“打顶”作为该阶段结束的标志，此时主蔓呈单干无分枝状态，总长度 180 厘米。

(1) 苗木栽植。宜于 3～5 月栽植，应选择品种纯度高、根系发达和均匀一致的苗木。自边柱起（贴着柱子）种第一株苗，每隔 35 厘米种 1 株，种植宜浅，深度以根颈部入土 3～5 厘米为宜，亩植 540 株左右。定植后淋足定根水，常年保持树盘耕作层的土壤湿润。

(2) 选芽和定主蔓。缓苗后，苗木抽生一至数个新芽。当生长势最强的新芽长度超过 20 厘米时，选留生长势最强的新芽培养为主蔓，选定后及早将其余新芽去除。

(3) **绑蔓**。随着主蔓不断生长伸长，需及时将主蔓绑缚固定于撑枝杆上，以防止主蔓因自身重力或风吹折断。当主蔓生长至连接杆（上架）后，引导主蔓沿着连接杆横向生长，形成“厂”字形。

(4) **打顶**。当主蔓沿着连接杆生长 60 厘米后，将前端 25 厘米剪掉。一般于晴天进行，每割完 8 株后刀具要浸泡消毒液 1 次。至此，主蔓培养完成，即转入结果蔓培养阶段。

2. 结果蔓培养阶段 结果蔓培养阶段是指从主蔓打顶后，在主蔓附着连接杆部分抽生的新芽中，分选留新芽培养为结果蔓形成近似鱼骨状排列的状态。标准的结果蔓的长度为 80 厘米左右。

3. 连排式栽培整形特征 连排式栽培，亩栽苗 540 株，每亩标准结果蔓数量相对固定（6 500条），枝条质量（长度、粗度、枝龄等）相对一致，实现“留枝不废，废枝不留”。不同品种类型火龙果的标准结果枝的节间长度、粗度有一定的区别。以中等生长势品种紫红龙为例，标准结果蔓长度（80±10）厘米，粗度为（8±2）厘米，不分段（连续生长，一步生长到位），平均节间长度为5～6厘米，颜色浓绿、充实饱满、无病虫斑，枝龄180天以上（从抽新芽开始计算）。在贵州罗甸于3月中旬定植带根标准苗（母茎长度30厘米），水肥管理较为到位的情况下，经过大约14个月，即至翌年4月底，即可形成单个植株“厂”树形，完成联排式栽培的整形过程。

第七章 花果管理

一、花果调控技术

（一）花果数量调控

1. 保花保果　对于花量小的幼树，或是落花落果严重的品种，应当采取相应措施，保住花果，减少落花落过，提高坐果率，保住果品高产优质。

（1）加强肥水管理。在火龙果生长前期，应加强肥水管理，促进生长；在生长到枝条翻盘后，应适时适量地限制肥水，促进植株从营养生长向生殖生长转化。例如，调整氮、磷、钾肥的比例，减少化肥尤其是有效氮肥的用量，以防止生长过旺或枝梢徒长，促进植株营养的积累；同时要适当减少灌溉，尤其是在花芽分化临界期，适当干旱有利于提高植物体细胞液浓度，从而有利于提高花芽分化的数量和质量，增加花数。

(2) **整形修剪**。合理的整形修剪，可以增加花数，使植株保持旺盛生长和高度的结实能力，并使果实达到应有的大小和品质、风味。不同支架类型定植的火龙果，有其不同的栽培特点，必须根据火龙果的生长发育规律，进行合理的整形修剪才能充分发挥其结果能力，达到高产、高效的生产目标。

2. 疏花疏果 在花量过大、坐果过多时，应采取疏花疏果措施，使火龙果枝条合理负担，以提高果实品质和克服大小年结果现象。疏花疏果的方法主要有人工疏花疏果和化学疏花疏果两种，其中常用的化学疏花疏果药剂有西维因、萘乙酸及萘乙酰胺、石硫合剂等。化学疏除能节省人力，但由于其疏除效果具不稳定性，只能作为人工疏除的辅助手段，加之火龙果生产中疏花疏果的工作量远低于其他果树，故化学疏除在火龙果的生产中应用较少。

火龙果 1 年可开花 8～12 批，若每批次都留花、留果则会导致火龙果批次间结果量不均、果实品质低、单果重较小。因此，要生产大果、优质果，必须要进行疏花疏果。

(1) **疏花**。在自然落花后5～7天进行，主要疏去连生和发育不良的花蕾，尽量保留不同棱柱上的花蕾，每节茎只留下1～2个花蕾。

(2) **疏果**。在自然落果后，先剪除弱茎蔓及其果实，摘除病虫果、畸形果，对坐果偏多的枝蔓进行人工疏果，同一结果枝约30厘米留一果。

(二) 花果时期调控

利用人为措施使植物提前或延后开花的技术，称花期调控，也称催延花期技术。花期调控技术可细分为促进栽培技术和抑制栽培技术两种。使开花期比自然花期提早的称为促进栽培技术，可使果品提前上市，达到错季生产的目的；使开花期比自然花期延迟的称为抑制栽培技术，既可达到错季生产的作用，也可使火龙果类的果树多产一批果实。

1. 光调控 农业上利用光照调节作物的产期由来已久，在花卉、蔬菜及果树上均有不少应用。花卉可以通过暗期中断促进开花；番茄可以通过光照处理提前花期及增加开花数；枇杷、沙棘等果树也可通过光周期调节达到类似效果。

除了光周期，波长也对植物有着不同的调节作用，在有效光中，红、橙光是被植物叶片吸收最多的光波，红光利于糖类化合物的合成；蓝光利于蛋白质的合成，因而在农业生产中可通过不同光波控制光合作用的产物，以达到改善农产品品质的目的。

对长日照植物而言，可见光或红光中断暗期对开花有促进的效果。夜间光照可以诱导火龙果花芽分化，达到产期调节的目的。苏云翰在试验中指出，2 小时与 4 小时的光周期处理可有效提前夏季产果；若在 10 月开始 2 小时的光周期处理，则可使植株在 1、2 月挂果，但产量与品质均不理想。

目前利用 100 瓦钨丝灯对火龙果进行夜间光照，可以有效地促进火龙果的花芽分化，以达到产期调节的目的。值得注意的是，红肉火龙果在进行补光提前或延后产期后，对后续的产量并无明显影响；白肉火龙果若通过光照将产期提前，则后期的果品与数量有明显地下降，会导致经济效益降低。

2. 温度调控 科研工作者经过长期研究发

现，在补光操作中，温度的影响也至关重要。例如，在10月开始进行补光，植株在1～2月的冬季也可产果，但产量与品质不佳，没有经济价值。如对温室、大棚内的红肉火龙果进行补光，1～2月的果实品质与数量即可大为改观。

故在部分冬季温度较低的地区，如想通过补光进行冬季产果，同时也需要进行一些保温措施。

3. 激素调控 植物生长物质是一类具有调节植物生长发育作用的生理活性物质，包括了植物激素与植物生长调节剂。植物激素是植物体内合成的可以移动的微量有机物，能对植株生产发育产生显著作用；植物生长调节剂是人工合成的有机化合物，其中许多种类的结构与功能与天然激素相类似。植物在感受各种环境信号后产生许多与植物成花相关的物质，这些物质过去被称为成花刺激物，现在又称它们为成花生理信号。

目前用于调节火龙果花期的植物生长调节剂包括多效唑、乙烯利等，于5月下旬喷施可以有效促进花芽分化，防止花果脱落。

二、人工授粉

（一）人工授粉的作用

人工辅助授粉就是采用人工方法将火龙果花粉授至柱头上以提高坐果率的技术方法，是与火龙果本身的生理特点和栽培生长环境条件相适应的。

首先，由于火龙果花朵的雄蕊与花柱等长或较短，有时雄蕊短于柱头 3～5 厘米，自然条件下，火龙果很难实现自花授粉；其次，火龙果是典型的夜间开花植物，一般傍晚开花，凌晨开始逐渐凋萎，至阳光照射后完全凋谢，此间昆虫活动能力很弱，对授粉不利；再次，红肉型火龙果往往有自花不亲和现象，自花授粉率不足 10%，所以在生产上必须进行白肉型品种搭配栽培和采取人工授粉才能获得优质高产；同时部分地区使用的日光温室内基本上无风力作用，在自然条件下也很难通过风力将花粉传授到柱头上。

戴雪香等在 2016 年进行了不同授粉方式对火龙果坐果率影响的试验。试验中以红皮红肉型火龙果为例进行人工授粉、自花授粉及不授粉的比较，结果发现：人工授粉对胚珠的发育有很大的影响，自花授粉的子房在授粉5天后出现胚珠发育不一致，而不授粉的开始干枯，到授粉9天就凋落。不同的授粉方式对坐果率的影响较大，不授粉的管理方式其坐果率为0；自花授粉的坐果率为51.11%；人工授粉的坐果率达到了97.62%，且人工自花授粉果实体积增大速度大于同期自花授粉果实。

由此可见，人工辅助授粉在火龙果的生产中至关重要，而正确的授粉方法则是火龙果的优质、高产的重要保障。

（二）常用的授粉方法

目前普遍采取人工毛笔点授法，人工授粉时间以傍晚花开至清晨花尚未闭合前进行为佳，即在晚上依靠夜灯照明，将采集好的花粉充分混合均匀，用毛笔蘸花粉点授柱头，并使花粉均匀涂抹在柱心处。火龙果花大，每朵花粉很多，可较易采集到花粉，萌芽率较高，人工授粉比较容易到位，但花粉的生活力一般比较弱，在常温条件下存活时间不长，花粉离体12小时后生活力逐渐下降。因此，采用人工授粉时，花粉最好随采随用，以免失去活力，影响授粉效果。

值得注意的是，品种间遗传差异越大，授粉结实率越高。因此，种植火龙果时，可以间种其他类型的火龙果，特别是红、白肉品种之间互相搭配，一般以红肉型作为主栽品种，适当配栽白肉品种，两者之间通常以 10∶1 进行配置，相互之间进行人工授粉，有利于提高结实率。

人工授粉后，也可在花朵完全张开时采用 100～200 毫克/千克的赤霉素进行花朵基部涂抹处理，坐果率会更高。

（三）其他授粉方法

虽然人工授粉可以显著提高坐果率，但随着不断的实践，人工授粉费工费时，操作难度大、成本高的缺点也逐渐显现出来。而其他一些新兴的授粉技术也在逐步发展完善，目前也可以根据实际情况选择或者辅助一些其他的授粉技术。

1. 蜜蜂授粉　目前，利用蜜蜂等昆虫对果蔬进行授粉已发展成一项不可或缺的配套措施。对于像火龙果这种自花授粉坐果率较低的植物，利用蜜蜂授粉具有一定的优越性。

蜜蜂会在凌晨5时之前出巢，采蜜至火龙果凋谢。虽然蜜蜂授粉坐果率比人工授粉低，但考虑到种植面积和花期以及部分火龙果种植地的坡度，人工授粉工作量大，授粉不可能达到比理论更高的坐果率。而蜜蜂授粉成本低，不需要耗太多时间和人力，同时也有助于蜂业的发展与生态多样性的保护，因此，因地制宜地选择蜜蜂授粉也是可以考虑的方案。

2. 液体授粉 液体授粉是一种低成本、高效率的人工辅助授粉方法，与人工点授法相比省工省时。生产中常在喷施液中加入蔗糖、硼酸等营养物质，以促进花粉萌发生长。目前已有匡石滋等对火龙果的液体授粉进行了报道，试验结果表明，火龙果液体授粉不仅能显著提高火龙果坐果率，还能促进果实发育，提高单果重和果实品质，是一项可以提高火龙果产量和经济效益的有效技术措施。

三、果实套袋

（一）果实套袋的作用

套袋是提高果实品质的方法之一，能改善果

实外观品质，减少农药残留，避免或减轻病虫鸟等危害，有效提高产量，生产出高品质且无公害的水果。早期火龙果的栽培并不进行套袋，但近年来发现套袋可减少果蝇、蜗牛、鸟等动物危害及人为损伤，并能提高果皮的光亮程度及清洁度，可促进果实着色均匀，有助于火龙果商品价值的提升，增加商品的附加值。

刘友接等在研究中提到：套袋不但可以影响火龙果果实的外观品质，也影响果实的内在品质。火龙果果实套袋后总糖和维生素 C 含量有了不同程度的提高，酸含量也有了不同程度降低，这是由于套袋对火龙果果实形成一种温室效应，在高温环境下，果实呼吸强度增大，加速了以酸作为呼吸基的氧化分解，糖类则从火龙果的茎向果实内移动并积累，使得糖含量增加，酸含量减少。

（二）套袋技术

目前我国已经在枇杷、梨、苹果、桃、菠萝、柚、橙、荔枝等多种水果的栽培中推广了果实套袋技术，而火龙果的果实专用袋逐步被开发推广，其中以白色尼龙网袋、黑色尼龙网袋、白色无纺布袋及牛皮纸袋为最佳选择。

操作流程如下：开花授粉 10 天后，将萎蔫的花瓣剪除，保留子房以下的萼，疏去僵果、畸形果，保留健壮的幼果；套袋前用 70%甲基硫菌灵 1 000 倍液及 40%毒死蜱 800 倍液全株喷雾 1 次；将袋子底端两端用剪子剪两个切口，利于套袋后排水通气。用手将果袋撑开，然后从果嘴面将整个果实套入袋中，再将袋口封严。

第八章 主要病虫害的综合防控

一、主要害虫及其防控

（一）桃蛀螟

1. 形态特征 成虫体长12毫米左右，翅展22～25毫米，体、翅皆为黄色，表面具许多黑斑点似豹纹，胸背有7个；腹背第一节和第三至六节各有3个横列，第七节有时只有1个，第二、八节无黑点，前翅25～28个，后翅15～16个，雄虫第九节末端黑色，雌虫不明显。卵椭圆形，长0.6毫米，宽0.4毫米，表面粗糙布细微圆点，初乳白渐变橘黄、红褐色。幼虫体长22毫米，体色多变，有淡褐、浅灰、浅灰蓝、暗红等颜色，腹面多为淡绿色。头暗褐色，前胸盾片褐色，臀板灰褐，各体节毛片明显，灰褐至黑褐色，背面的毛片较大。气门椭圆形，围气门片黑褐色突起。腹足趾钩有不规则的 3 序环。蛹长 13 毫米，初淡黄绿后变褐色，臀棘细长，末端有曲刺 6 根。茧长椭圆形，灰白色。

2. 危害特征 主要以幼虫蛀食危害火龙果果实，偶有危害枝条，成虫产卵于火龙果果实表面或花瓣上，卵散产。幼虫孵化后在果蒂或果实与鳞片的夹角处取食果实表皮，排泄的粪便与所吐的丝网交织在一起将幼虫盖住，随着幼虫成长逐渐蛀入到果肉内危害，从外表看果面有孔洞，有似果胶物流出，在果脐部位形成丝网，并有粪便排出。

3. 防治方法

(1) **控制害虫食物源**。火龙果园周边和园内不要混栽桃、李、杏、樱桃、板栗等果树，以控制桃蛀螟的食物源，降低虫口基数。

(2) **保持果园清洁**。及时清理枯枝、残枝、病虫枝，用火焚烧或挖坑覆土深埋。冬季应彻底清理果园，剪除病虫枝、交叉枝，使火龙果园通风透光，破坏害虫越冬和产卵的隐蔽环境。

(3) **摘除花萼**。桃蛀螟将卵产于火龙果花筒内、两果交际处和枝条交叉处，可通过疏花疏果和摘除已授粉萎蔫的花萼，集中处理，减少虫源。

(4) 作物诱杀。利用桃蛀螟对向日葵、玉米、高粱、蓖麻等作物趋性较强的特性，可以在果园四周选择种植以上某种作物，然后用25%灭幼脲3号悬浮剂2 000倍液、1.8%阿维菌素乳油2 000～3 000倍液等集中喷药杀虫。

(5) 物理防治。桃蛀螟成虫趋光、趋化性强，可从其成虫刚开始羽化时（未产卵前），晚上在火龙果园附近或园内用频振式杀虫灯或挂黄板诱杀成虫。

(二) 同型巴蜗牛

1. 形态特征 同型巴蜗牛为附足纲柄眼目巴蜗牛科。成贝体形与颜色多变，扁球形，黄褐色至红褐色，具细致而稠密生长线，贝壳高约12毫米，宽约15毫米，有5～6个螺层，底部螺层较宽大，螺旋部低矮。贝壳壳质厚而坚实，螺顶较钝，螺层周缘及缝合线上常有1条褐色线，个别没有。壳口马蹄状，口缘锋利，脐孔圆形，头上有两对触角，上方1对长，下方1对短小，眼着生其顶端。头部前下方着生口器，虫体灰色，约35毫米，腹部有扁平的足。幼贝形态与成虫相似，但体型较小，外壳较薄，淡灰色，半透明，内部贝体乳白色，从壳外隐约可见。卵球形，0.8～1.4毫米，初产乳白色，渐变淡黄色，后为土黄色，卵壳石灰质。

2. 危害特征 蜗牛是常见的有害软体动物，全国均有分布，雨水较多时发生普遍，而且危害严重，火龙果的嫩梢、枝条、花和果实均可受到蜗牛的危害。

3. 防治方法

(1) 人工捕杀。

(2) 火龙果园放养鸡、鸭，可啄食大量蜗牛。

(3) 药剂防治抓住蜗牛大量出现未交配交卵的4月上中旬及大量上树前的5月中下旬盛发期两个适期进行。具体措施：一是撒施药剂。于晴天傍晚用四聚乙醛制剂（6%嘧达颗粒剂或8%灭蜗灵颗粒剂）15千克/公顷拌150～225千克干细土，全园撒施；或用石灰粉、草木灰、磷肥、细茶籽饼300～450千克/公顷全园撒施，驱杀成贝，连续防治两次，防效达95%以上。二是喷施药液。8:00 前及 17:00 后火龙果树盘、植株选用 5%～10%硫酸铜液、1%～5%食盐液、1%茶籽饼浸出液、氨水 700 倍液或碳酸氢铵 100 倍液喷施。三是毒饵诱杀。用四聚乙醛制剂与碎豆饼或玉米粉或大米粉配制成含 2.5%有效成分的毒饵，于傍晚施于火龙果园内诱杀。

(三) 蚜虫

1. 形态特征 无翅胎生雌蚜。体长 2.2 毫米，宽 0.94 毫米，卵圆形。体色变化较大，一般为黄绿色、枯黄色或赤褐黄色，背中线和侧带翠绿色。触角比虫体短。腹部圆筒形，向端部渐细，色淡，基部黑色。尾片圆锥形，有曲毛 6 或 7 根。有翅胎生雌蚜。体长 2.2 毫米，宽 0.94 毫米，头胸部黑色，腹部淡绿色或红褐色，有翅，触角黑色，第三节有圆形次生感觉圈 9～11 个，在外缘排成 1 行。腹管黑色。卵长 1.2 毫米，长椭圆形，初为绿色，后变成黑色。若虫与无翅蚜相似，体小。

2. 危害特征 蚜虫分有翅、无翅两种类型，体色为黑色，以成蚜或若蚜群集于火龙果嫩茎、花和果实上，用针状刺吸式口器刺吸危害部位的汁液，使火龙果植株细胞受到破坏，生长失去平衡。蚜虫危害时排出蜜露，会招来蚂蚁取食，同时还会引起煤污病的发生。

3. 防治方法

（1）**农业措施**。有条件的果园，可采取少种十字花科蔬菜的方法，结合间苗和除草，及时清洁田园，以减少蚜虫来源。

（2）**利用银灰膜避蚜**。

（3）**药剂防治**。常用的药剂有10%吡虫啉可湿性粉剂或抗蚜威可湿性粉剂，每亩用10～18克，对水30～50千克喷雾。此剂专门防治蚜虫，不杀伤天敌。

（四）桑白蚧

1. 形态特征 桑白蚧属同翅目，盾蚧科。雌成虫橙黄或橘红色，体长1毫米左右，宽卵圆形。介壳圆形，直径2～2.5毫米，略隆起有螺旋纹，灰白至灰褐色，壳点黄褐色，在介壳中央偏旁。雄成虫体长0.65～0.70毫米，翅展1.32毫米左右，橙色至橘红色，体略呈长纺锤形。介壳长约1毫米，细长，白色，壳点橙黄色，位于壳前端。卵椭圆形，初产淡粉红色，渐变淡黄褐色，孵化前为橘红色。初孵若虫淡黄褐色，扁卵圆形，体长0.3毫米左右，分泌绵毛状物遮盖虫体。蜕皮后眼、触角、足、尾毛均退化或消失，开始分泌蜡质介壳，蜕皮覆于壳上，称为壳点。

2. 危害特征 该虫形成介壳附着在火龙果的枝条上危害，以雌成虫和若虫群集固着于枝条刺吸汁液，严重时介壳密集重叠，造成树势衰弱，生长不良，并容易引发其他病害。

3. 防治方法

(1) 人工防治。可用硬毛刷或细钢丝刷刷除火龙果枝条上的虫体。结合整形修剪，剪除被害严重的枝条。

(2) 化学防治。根据调查测报，抓准在初孵若虫分散爬行期实行药剂防治。推荐使用50%杀螟松可湿性粉剂、22.4%螺虫乙酯悬浮剂4 000～5 000倍液、农地乐乳油1 000～2 000倍液或40%速扑杀乳剂700倍液，以上药液任选一种，与混合含油量0.2%的黏土柴油乳剂混合后进行防治。

(3) 保护利用天敌。田间寄生蜂的自然寄生率比较高，有时可达70%～80%。此外，瓢虫、方头甲、草蛉等的捕食量也很大，均应注意保护。

（五）南瓜实蝇

1. 形态特征 成虫黑色与黄色相间，体、翅长5.7～10.5毫米。头部颜面黄色，颜面斑黑色，中等大，近卵形。上侧额鬃1对，下侧额鬃2对或3对以上；具内鬃须、外鬃须和颊鬃；单眼鬃细小或缺如。触角显长于颜面长，末端圆钝。中胸背板黑色带橙色或红褐色区；介于背后中黄色条和侧黄色条之间的大部区域、肩胛后至横缝间的2大斑，背板中部前缘至黄色中纵条前端的狭纵纹均为黑色；肩胛、背侧胛、缝前1对小斑均为黄色；缝后侧黄色条终止于翅内鬃着生处或其之后处，缝后中黄色条泪珠状；前翅上鬃、小盾前鬃和翅内鬃存在，背中鬃缺如。小盾片较扁平，黄色，具黑色基横带，小盾鬃2对。后小盾片和中背片为浅黄色或橙黄色，两侧带暗色斑。翅斑褐色，前缘带于翅端扩成1椭圆形斑。足淡黄色。腹部背板分离，黄色至橙红色。第二和第三腹背板的前部各具1黑色横带，第四和第五腹背板的前侧部常具黑色短带；黑色中纵条自第三腹背板的前缘伸达第五腹板后缘，第五腹背板具腺斑。雄成虫第三腹节栉毛，第五腹节腹板后缘浅凹。产卵器基节长是第五腹背板长的 1.2 倍；产卵管端尖，具端前刚毛 4 对，长、短各 2 对，不具齿，具 2 个骨化的受精囊。雄虫侧尾叶的后叶长。

2. 危害特征 成虫产卵于花苘内，孵化后幼虫钻入果实，使火龙果果实变软，严重危害的果实布满虫孔。

3. 防治方法

(1) **农业防治**。及时摘除被果蝇蛀食的火龙果，将其深埋处理。

(2) **摘花护果**。在火龙果谢花后摘除花筒，以防成虫产卵危害。

(3) **诱杀成虫**。可用糖醋液加杀虫剂诱杀成虫，能有效减少虫源，效果良好；规模种植，宜安装太阳能频振式杀虫灯诱杀或挂黄板诱杀。

(4) **药剂防治**。在成虫盛发期，选择中午后傍晚喷洒 2.5%溴氰菊酯乳油 3 000 倍液或 10%高效氯氟氰菊酯水乳剂 1 000 倍液。隔 3～5 天喷 1 次，连喷 2～3 次，喷药时要喷足。

（六）堆蜡粉蚧

1. 形态特征 雌成虫体近扁球状，紫黑色，体背被较厚蜡粉，体长约2.5毫米，雄成虫紫褐色，翅1对；腹端有白色蜡质长尾刺1对。卵囊蜡质棉团状，白中稍微黄；卵椭圆形，在卵囊内。若虫体形与雌成虫相似，紫色，初孵时体表无蜡粉，固定取食后，开始分泌白色粉状物覆盖在体背与周缘。一年可发生4～6代，以幼蚧、成蚧藏匿在被害植物的主干、枝条裂缝等凹陷处越冬。翌年天气转暖后恢复活动、取食。雌虫形成蜡质的卵囊，产卵繁殖，卵产在卵囊中，并多行孤雌生殖。若虫孵出后，常以数头至数十头群集在嫩梢幼芽上取食危害。

2. 危害特征 粉蚧以成虫聚集在火龙果枝条背面或果实鳞片缝隙处危害，它有一个用来吸食寄主植物体液的口器，会从火龙果枝条或果实那里吸取大量的液体以获取足够的蛋白质，多余的部分则变成蜜露排出体外。被排出的蜜露常常会吸引蚂蚁取食，还会引发煤烟病。

3. 防治方法

（1）注意保护和引放天敌。天敌有瓢虫和草蛉。

(2) 从9月开始，在树干上束草把诱集成虫产卵，入冬后至发芽前取下草把烧毁消灭虫卵。

(3) **药剂防治**。在若虫分散转移期，分泌蜡粉形成介壳之前喷洒22.4%螺虫乙酯悬浮剂4 000倍液、农地乐乳油1 000倍液或10%氯氰菊酯乳油1 000～2 000倍液，如用含油量0.3%～0.5%柴油乳剂或黏土柴油乳剂混用，对已开始分泌蜡粉的若虫有很好的杀伤作用，可延长防治适期，提高防效。

（七）斜纹夜蛾

1. 形态特征 卵半球形，直径约0.5毫米。初产时黄白色，快孵化时紫黑色。卵壳表面有细的网状花纹，纵棱自顶部直达底部，纵棱间横道下陷，低于格面。卵成块，每块十粒至几百粒，不规则重叠地排列形成2～3层，外面覆有黄白色绒毛。幼虫体长35～51毫米，头部淡褐色至黑褐色，胸腹部颜色多变。虫口密度大时，体色纯黑，密度小时，多为土黄色到暗绿色。一般幼龄期体色较淡，随龄期增长而加深，3龄前幼虫体线隐约可见，腹部第一节的1对三角形斑明显可见，并有1暗黑色黑环，中胸背面与第七节腹节各有1对三角形黑斑。4龄以后体线明显，背线及亚背线黄色，中胸至第九腹节亚背线内侧有近似半月形或三角形黑斑1对，而以第一、七、八节上黑斑最大，中后胸黑斑外侧有黄色小点。气门黑色，胸足近黑色，腹足深褐色。蛹长15～20毫米，圆筒形，红褐色，尾部有一对短刺。成虫体长14～20毫米，翅展35～46毫米，体暗褐色，胸部背面有白色丛毛，前翅灰褐色，花纹多，内横线和外横线白色，呈波浪状，中间有明显的白色斜阔带纹，所以称斜纹夜蛾。

2. 危害特征　主要以幼虫咬食火龙果嫩梢、花蕾。危害严重时把嫩梢、花蕾全部吃光。

3. 防治方法

(1) **农业防治**。提倡间作一些有益的矮秆植物。创造不利害虫滋生的环境，减轻虫害。加强苗期防虫管理，清洁田园。斜纹夜蛾的寄主作物很多，要及时清除田间杂草，减少田间基数；及时摘除卵块，集中消灭初孵幼虫。

(2) **诱杀成虫**。利用成虫的趋光性和趋化性，用黑光灯、糖醋液、杨树枝及甘薯、豆饼发酵液等多种方法诱杀成虫，在诱液中加少许杀虫剂，能毒死成虫。

(3) **保护和利用天敌**。斜纹夜蛾天敌很多，包括广赤眼蜂、黑卵蜂、小茧蜂、寄生蝇、病毒等，要注意保护自然天敌。在有条件的地区可用斜纹夜蛾核型多角体病毒防治。

(4) **药剂防治幼虫**。斜纹夜蛾幼虫防治要在暴食期以前，注意消灭在点片发生阶段，即卵孵化初期。每亩用1%甲氨基阿维菌素苯甲酸盐50毫升+20%甲氰菊酯25毫升，对水50千克喷雾，主治斜纹夜蛾，兼治蚜虫。为提高防治效果，喷药宜在傍晚时进行。

二、主要病害及防控

(一) 茎腐病

1. 症状 病斑初期呈浸润状半透明，后期病部组织出现软腐状。潮湿情况下，病部流出黄色菌脓，发出腥臭，并且蔓延至整个茎节，最后只剩茎中心的木质部。

2. 病原 欧文氏菌属，镜检组织中有细菌溢出。

3. 防治方法

(1) **农业防治**。发现病斑，应将病部及时刮除，并用杀菌剂消毒；采果后结合修剪，剪除病枝并搞好清园；加强肥水管理，增强植株抗性。

(2) **药剂防治**。发病前用农用链霉素喷洒全园，每隔 7 天喷 1 次，连喷两次。发现病斑后，及时使用细菌性杀菌剂喷洒，防止病菌蔓延。可用药剂 72%农用硫酸链霉素可溶性粉剂 2 500 倍液或新植霉素 3 000 倍液、噻霉铜 800～1 000 倍液，每隔 7～10 天喷 1 次，连喷 2～3 次。

(二) 炭疽病

1. 症状 火龙果炭疽病可发生在茎部表面及果实上，在茎部初感染时，病斑为紫褐色，直径为 0.5～2.0 厘米的散生、凹陷小斑，后期扩大为圆形或梭形病斑，会产生茎组织病变，病斑转淡灰褐色，出现黑色细点，呈同心轮纹排列，并凸起于茎表皮。成熟果实后期转色后，才会被感染，一旦果实受感染，会呈现凹陷及水渍状，凹陷病斑呈现淡褐色，病斑会扩大而相互愈合。

2. 病原 胶孢炭疽菌（*Colletotrichum gloeosporioides* Penz.）和辣椒炭疽菌［*C. capsici*（Syd.）Butler&Bisby］两种病原菌均可引起火龙果炭疽病及不同的病害症状。胶孢炭疽菌（*C. gloeosporioides*）属半知菌类，腔孢纲，黑盘孢目，炭疽菌属。分生孢子盘埋生，盘上产生许多棒状、无色的分生孢子梗，孢子梗顶端细胞膨大，梗顶端产生分生孢子。分生孢子长椭圆形或一端稍窄短棒状，无色，单胞，内含数个油球，孢子大小为（9～26）微米×（3.5～6.7）微米。辣椒炭疽菌（*C. capsici*）为半知菌类，腔孢纲，黑盘孢目，炭疽菌属。分生孢子盘褐色，直径115～260微米。盘上密生刚毛，多者可达50根以上，刚毛黑色。顶端渐尖，基部无明显膨大，大小为（55～275）微米×（4～5）微米。产孢细胞圆柱形，瓶体式产孢。分生孢子无色、镰刀形，顶端钝状，基部窄，大小为（21～27）微米×（2.8～4.0）微米，附着胞褐色、椭圆形。

3. 症状 由胶孢炭疽菌（*C. gloeosporioides*）引起的症状为成熟果实后期转色后，才会被感染。一旦果实受感染，会出现淡褐色、凹陷的水渍状病斑，病斑逐渐扩大，相互愈合成大斑；后期病部产生黑色小颗粒和橘红色的黏状物，即分生孢子盘和分生孢子堆。由辣椒炭疽菌（*C. capsici*）引起的症状初为水渍状斑点，病斑逐渐扩大，圆形凹陷，干燥时病斑边缘灰白色，中间淡灰色至黑色，病斑上着生有小黑点即分生孢子盘；潮湿时病斑表面溢出红色黏稠物。

4. 防治方法

（1）**保护无病区，防止蔓延**。随着火龙果种植面积的迅速扩大，火龙果病虫害也在逐渐增多，应加强检疫工作，严格制止从病区向无病区调种引种，建立无病留种区域，选留无病菌种苗进行种植。

（2）**种植和培育抗病优质品种**。不同品种种苗抗病性差异较大，种植抗病品种是防治火龙果病害最有效的技术措施之一。

（3）**减少田间病菌残留**。最主要的是物理措施，一是清除田间地头病残体，发病的枝条可结合疏果疏枝剔除，并且将病残体深埋或集中烧毁；如果发现炭疽病的植株，应立即截除病斑并集中销毁。二是清理株里行间的杂草。

(4) **加强水肥管理**。一是不能漫灌和长期喷灌。漫灌致使植株根系长期处在缺氧状态、呼吸困难而死亡；喷灌大幅增加果园的空气湿度，有利于火龙果炭疽病发生。二是改变栽培方式，起垄栽培，建设果园排灌渠道。起垄栽培不仅可以促进根系生长，而且可以防止水淹。三是施足基肥，适时追肥，改变偏施氮肥、复合肥的习惯，最好施用已经腐熟的有机肥，不能施用未腐熟的土杂肥。适量增施磷钾肥，调节树体营养结构，增强植株的抗病性。

(5) **化学防治**。果园病害防治应以物理防治和生物防治为主，化学防治为辅。化学防治炭疽病可在生长季节使用甲基硫菌灵 1 000 倍液或 450 克/升咪鲜胺水乳剂 2 000 倍液进行喷雾预防。视病情发生情况，隔 10 天左右防治 1 次，共防治 2～3 次。为了防止病原产生抗病性，尽量采用栽培技术措施和生物防治，减少农药使用次数。喷药时做到选药正确，并采取多种药剂轮换使用。

(三) 黑斑病

1. 病原 链格孢属（*Alternaria* sp.），属

半知菌亚门，丝孢目。分生孢子多胞，常一端略粗钝圆状，另一端较细，在多胞中央的细胞常有分隔。

2. 症状 常发病于茎边缘，茎组织显褪色后变淡，后茎表面生黑色细小斑点，愈合成大斑，边缘有明显分界线，病斑后期呈黑色。

3. 防治方法

（1）**种植和选育抗病优质品种**。种植抗病品种是防治火龙果病害最经济有效的措施。

（2）**减少田间病源**。一是清除病残体，发病的茎节应及时修剪剔除，并且将病残体集中带到园外烧毁或深埋。二是清除株行间的杂草，降低田间湿度，减少发病率。

（3）**加强水肥管理**。一是避免漫灌和长期喷灌。二是起垄栽培，在初建园种植时就应起垄，因为起垄栽培既可以防止水淹，又可以促进根系生长，利于植株健康生长。三是施足基肥，适时追肥，最好施腐熟的有机肥，增施磷、钾肥，提高植株的抗病性。

（4）**化学防治**。火龙果黑斑病主要在冬季发生，因此在寒潮到来前选喷 1 次克菌丹、大生

M-45、甲基硫菌灵等防治真菌性病害的药剂，可减少和预防黑斑病的发生。如已发现病斑，用以上药剂每隔7～10天喷1次，共喷2～3次。

（四）枯萎病

1. 症状 火龙果植株茎节失水褪绿变黄萎蔫，随后逐渐干枯，直至整株枯死，枯萎病症状最早出现在植株中上部的分枝节上，起初是茎节的顶部发病，然后向下扩展。潮湿情况下，病株上生有粉红色霉层。

2. 病原 初步鉴定为尖胞镰刀菌（*Fusarium oxysporium*）。

3. 防治方法 对枯萎病用10%双效灵水剂200倍液或5%治萎灵水剂200倍液，在植株根颈部及其附近浇灌，每株灌药液300毫升，一般应灌2～3次。

（五）茎枯病

1. 症状 植株棱边上形成灰白色的不规则病斑，上生许多小黑点，病斑凹陷，并逐渐干枯，最终形成缺口或孔洞，多发生于中下部茎节。

2. 病原 目前有3种病原菌可引起上述症

状，色二孢（*Diplodia* sp.）、壳二孢（*Ascochyta* sp.）、茎点霉（*Phoma* sp.）。

3. 防治方法 火龙果茎枯病应在发病初期可选用50%福美双可湿性粉剂400微克/毫升、500微克/毫升和50%多菌灵·硫700微克/毫升、900微克/毫升药剂，每隔7天喷1次药，共喷3次药。对防治火龙果茎枯病有着良好的效果，可在生产上推广应用，但不能长期使用同一种农药，以防病菌产生耐药性。应两种农药交替使用。

（六）茎斑病

1. 症状 火龙果肉质茎发病时组织失水干枯，连接成片，病斑呈不规则形，稍凹陷。早期肉质茎发病部位灰白色，边缘淡黄色，后期有小黑点（载孢体）生成，载孢体生于表皮下，后突破表皮外露。

2. 病原 粘隔孢属（*Septogloeum* sp.）。

3. 防治方法

（1）清除病残体，发病的茎节应及时修剪剔除。

（2）施足基肥，适时追肥，最好施腐熟的有机肥，增施磷、钾肥，提高植株的抗病性。

(3) 清除株行间的杂草，降低田间湿度，减少发病率。

(4) **化学防治**。火龙果茎斑病在发病初期选用42%克菌净500微克/毫升、氟菌唑可湿性粉剂4 000倍液或氟菌唑可湿性粉剂3 000倍液防治，每隔7天喷1次药，共喷3次，可达到较好的防治效果。

(七) 火龙果溃疡病

1. 症状 火龙果溃疡病危害火龙果的茎和果实。在田间，病原菌孢子入侵后，初期茎和果实脱色形成圆形斑，继而分别形成典型的褐色和黑色溃疡病病斑，病斑突起，扩大后相互粘连成片，部分病斑边缘形成水渍状，湿度大时病斑扩大，果实和茎迅速腐烂，空气干燥时腐烂病枝干枯发白，在果实上形成黑色溃疡病斑，开裂。发病后期在溃疡斑上形成针头大小黑点。

2. 病原 新暗色柱节孢属［*Neoscytalidium dimidiatum*（Penz.）Crous &Slipper］。

3. 防治方法

(1) **保护无病区**。目前我国火龙果的种植面积不断扩大，因此，在引种时应加强检疫工作，严格控制从病区向无病区调种引种。建立无病母本园，培育无病种苗。

(2) **种植和选育抗病优质品种**。

(3) **减少田间病源**。最主要的是清除病残体，发病的茎节可结合疏枝剔除，并且将病残体集中烧毁或深埋。

(4) **加强排水管理**。夏季是多雨季节，高温高湿的环境容易造成溃疡病的发生，因此一定要做好排水工作。

(5) **化学防治**。在发病初期可用克菌丹、腈菌唑、吡唑醚菌酯等杀菌剂进行喷雾，一般每隔15～20天喷1次，共喷2～3次。为了防止病原产生抗病性，不能长期单一使用同一种杀菌剂，尽量采取多种杀菌剂轮换使用。

第九章
采收及采后处理

一、采收标准及方法

（一）采收期的确定

采收期（成熟度）是直接影响火龙果果实性状以及食用品质和商品性，显著影响果实的耐贮性，适时采收对提高火龙果的耐贮性和贮藏后的商品价值至关重要。火龙果果实的生育期随着季节、地理位置和品种的不同而异，可根据其花后时间、果实生理指标或果皮色泽进行判断。未熟期（花后 21 天）和可采成熟期（花后 28 天）采收的火龙果果实个小、果皮厚、可食率低，果皮未着色，采收时无食用价值，放置在室内达成熟时口感较淡，综合品质差。食用成熟期（花后 30 天）和生理成熟期（花后 33 天）采收的火龙果果皮和果肉均充分着色、肉质细腻、汁多味美、香味浓郁，采收后即可鲜食，食用品质佳。

以火龙果外观色泽为标准，判断其采收成熟度：分为成熟度Ⅰ（果皮开始着色）、成熟度Ⅱ（果皮全部着色）、成熟度Ⅲ（果皮完全转红）。3种成熟度采收的火龙果果实在室温（28～32℃）下贮藏2天后，冷库（15±1)℃贮藏出库1天后，果皮完全转红，色泽一致，外观商品性无明显差异。室温下成熟度Ⅰ和Ⅱ的火龙果安全贮藏期为10天，冷库贮藏时间达25～27天，贮藏期分别比成熟度Ⅲ的果实延长的2天和9～11天。此外，室温贮藏10天后，成熟度Ⅱ的果实品质优于成熟度Ⅰ和成熟度Ⅲ的果实。因此，用于贮藏和长途运输的火龙果，宜适当早采，成熟度Ⅱ（果皮全部着色未完全转红）时采收，既能延长贮藏期，又能兼顾品质。用于就近或产地销售的火龙果，可以在完全转红或生理成熟期采收。

在广州地区，一般谢花后26～27天采收，即果皮开始转红后7～10天，果顶盖口出现皱缩或轻微裂口时采收。在越南，一般在谢花后25～30天采收，对于供出口的火龙果，一般为谢花后25～28天采收；对于供应当地市场的火龙果，一般为谢花后 28～30 天采收。在贵州南部，7～9 月，紫红龙（红皮红肉）谢花后 26 天果皮开始着色，28 天转色成熟后采收，如不及时采收，随后 1～2 天就会出现裂果现象；晶红龙（红皮白肉）一般为谢花后 30～32 天转色成熟后采收；紫红龙 10～12 月，一般为谢花后 30～40 天转色成熟后采收。

（二）采收时间的选择

遵循先熟先采，分批采收的原则。尽量安排晴朗的上午，待露水干后开始采收。如采收期遇暴雨天气，应在雨停后果实表面雨水干后采收，尽量避免采收带有雨水的果实，减少田间病害的侵染，降低采后病害的发生。

（三）采收方法

采用一果两剪法采摘，即一手托住成熟果实，一手执剪刀在结果部位的果枝左右两边分别剪下，附带部分茎肉，果柄剪切后的长度不超过果肩，剪口平整无污染。将采摘的果实轻放于内衬垫麻布、纸、草等果筐内，以减少果实碰撞、挤压、刺伤等机械损伤。采收的果实及时运回，地头堆放时间不超过 1～2 小时，避免果实在田间暴晒，转运时防止装载不实严重振荡。

二、采后处理

（一）挑选、分级

火龙果采收后及时堆放到阴凉通风的地方，在火龙果堆放处放置电风扇，加快火龙果贮藏空间的空气流通，尽快散去果实田间热。散田间热的同时可以对火龙果进行挑选、分级等处理。

挑选：除去小果、烂果、裂果、病虫果、伤果。

分级：根据感官和理化要求将火龙果分为3个等级，分别为一等品、二等品和三等品，详见表9-1。

表9-1　火龙果鲜果质量等级要求

项目	要求		
	一级品	二级品	三级品
成熟度	果实饱满，果皮结实，肉质叶状鳞片新鲜。果顶盖口出现皱缩或轻微裂口	果实饱满，果皮较结实，肉质叶状鳞片较新鲜。果顶盖口出现明显皱缩或裂口	果实饱满，果皮变软，肉质叶状鳞片轻微黄化、萎蔫。果顶盖口出现明显皱缩或裂口

（续）

项目		要求		
		一级品	二级品	三级品
新鲜度		果皮和叶状鳞片具有本品种特有的典型红色，有光泽；果肉细脆汁多	果皮和叶状鳞片具有本品种特有的典型红色，稍有光泽；果肉较细脆	果皮和叶状鳞片具有本品种特有的典型红色，光泽不明显；肉质较软
完整度		果形无缺陷，果皮和叶状鳞片无机械损伤和斑痕	果形有轻微缺陷，果皮和叶状鳞片有缺陷，但面积总和不得超过总表面积的5%，且不影响果肉	果形有缺陷，果皮和叶状鳞片有缺陷，但面积总和不得超过总表面积的10%，且不影响果肉
单果重（克）	红皮白肉	≥401	301～400	200～300
	红皮红肉	≥351	251～350	150～250
可溶性固形物（%）	红皮白肉	≥12.0	11.0～11.9	≤10.9
	红皮红肉	≥13.0	12.0～12.9	≤11.9
可食率（%）		≥70.00	65.00～69.99	<65.00

（二）常温贮藏技术

1. 贮藏场所 可利用空房间、仓库等作为贮藏场所。要求通风良好，安装空调。

2. 贮前准备 贮藏前，应对贮藏场所进行彻底清扫，除去垃圾、残物，并充分通风。对将用于贮藏的空房间、仓库的墙壁和地面，用80～100 毫克/升的二氧化氯溶液喷洒消毒，消毒后密闭 24 小时，或者用臭氧发生器产生臭氧进行库间灭菌，以环境内 20～40 毫克/米^3 的臭氧浓度处理 1 小时以上，然后通风 1～2 天。

3. 包装码堆 待处理的火龙果可用采用底部镂空的塑料果品箱，底部衬纸单层放置包装。码堆底部采用木制托盘、水泥柱、砖等垫垛底。垛宽一般不超过 2 米，垛底垫高 10 厘米以上，垛距四周墙壁 10 厘米以上，距库（房）顶 40 厘米以上，距空调风口 60～80 厘米，垛间距 20 厘米以上，通道宽 60～100 厘米。码堆高度根据贮藏场所决定，以垛体稳固、不易倒垛，底层包装承重完好，不扭曲为准。码堆时通风要求以垛体不要太大，贮藏箱之间留些空隙为好，避免贮藏箱对火龙果果实或鳞片的挤压。

4. 果实杀菌处理 将臭氧发生器置于贮藏库内，臭氧出口置于空调风口，根据臭氧发生量及库容量，计算处理时间，以环境内 2～8 毫克/

米^3 的臭氧浓度为宜，每隔两天处理 1 次。臭氧处理结束后，采用打孔的无毒聚氯乙烯塑料薄膜到地面 50～60 厘米，薄膜出现雾气，及时揭开。

5. 贮藏温度 火龙果种植地，6～9 月一般室温可达 30℃，利用空调降温贮藏，设定恒定温度（可选 22～25℃），尽量减少室内温度波动。测温采用最小分度值为 0.1 或 0.2 的水银温度计。在贮藏库的侧墙壁中间，或两端墙中间，及垛中间等具有代表性、方便观察的果箱，各挂（插）一支温度计，适时观察记录。有条件可安装温湿度自动记录仪记录。

6. 湿度 一般以 70%～85%为宜，可通过通风或洒水调节。

7. 贮藏期限 采用臭氧处理、结合空调降温，火龙果贮藏期可达 10～12 天，比直接室温贮藏延长 3～5 天。

8. 出库指标 果实新鲜，有光泽，无异味，好果率 95%以上；可溶性固形物含量红皮白肉≥12%，红皮红肉≥13%。

（三）火龙果的冷藏技术

1. 库房与容器消毒 库房经整理、清扫后，

80～100毫克/升的二氧化氯溶液喷洒消毒，消毒后密闭24小时，或者用臭氧发生器产生臭氧进行库间灭菌，以环境内20～40毫克/米^{3}的臭氧浓度处理1小时以上，然后通风1～2天，按要求调节预冷库温度5～6℃、贮藏库温度5℃，备用。

2. 容器消毒 周转箱等容器用80～100毫克/升的二氧化氯溶液清洗消毒，晾（晒）干，备用。

3. 愈伤 入冷库贮藏的火龙果，分级完成后，在28～32℃的室温下自然愈伤6～8小时，待剪口处干燥后入库预冷。

4. 预冷 下午采收的火龙果没有充足的预冷时间，可在荫棚下散去大量的田间热后入库。果筐入预冷库后松散堆放，在5～6℃库间预冷2～3天，预冷期间库房湿度保持85%～90%，避免果实表面结露，待果实温度接近库存温度后包装、码垛。每天入库量不得超过库容的20%。

5. 预冷期间结合1-MCP辅助处理 采用1-MCP 1.0微升/升密闭处理12～24小时。

6. 预冷期间杀菌处理 火龙果鳞片较坚硬，并且存在外翻的现象，采收后尽量减少翻动，所以杀菌处理一般采用熏蒸的方式。可用二氧化氯消毒液原液活化后，盛到容器中，均匀放置4～6个点，让其自然挥发进行库间灭菌，或用噻苯咪唑、腐霉利烟雾剂熏蒸，也可用臭氧发生器产生臭氧进行库间灭菌，以环境内2～8毫克/米^{3}的臭氧浓度处理1小时。

7. 预冷结束后自发气调包装 周转箱使用塑料箱或木框均可，箱内垫厚度为0.02～0.03毫米的打孔8～12个的高压聚乙烯塑料袋。每箱装果单层15～20个，果箱高度为10～15厘米。为防治挤压，最好绑扎塑料袋口，也可用相同厚度、打孔4～6个的高压聚乙烯塑料袋单果包装。

8. 入库跺堆 码堆底部采用木制托盘、水泥柱、砖等垫垛底。果箱分级分批堆放整齐，留开风口，底部垫板高度10～15厘米。果箱垛堆距侧墙10～15厘米，距库顶80～100厘米，果箱垛堆要有足够的强度，并且箱与箱上下能够镶套稳固，垛宽不超过2米，垛与垛之间距离大于0.5米，可供人行走，果垛距冷风机不小于

1.5 米。

9. 贮期管理 贮藏温度 5～6℃，用经过校正的温度计多点放置观察温度（不少于 3 个点），取其平均值。贮藏湿度：相对湿度为 90%～95%，可用毛发湿度计，或感官测定，感官测定可参考观察在冷库内浸过水的麻袋，3 天内不干，表示冷库内相对湿度基本保证在 90%以上，湿度不足时立即采用冷库内洒水、机械喷雾等方法增加湿度。

10. 品质检查 贮藏 20 天后，每 5 天抽样调查 1 次，发现有烂果现象时全面检查，及时除去烂果，贮藏 30 天内销售出库。

11. 设备安全 冷库配备相应的发电机、蓄水池，保证供电供水系统正常，调整冷风机和送风桶，将冷气均匀吹散到库间，使库温相对一致。保证库间密闭温度，停机 2 小时库温上升不超过 2℃，减少库间温度变化幅度，防治果实表面结露，也不使果实发生冷害。

12. 出库 果实饱满，有弹性，易剥皮，果肉不软化；品味正常，无异味；可溶性固形物含量保持或略低于入库时指标；总酸量略低于入库时指标。

13. 出库包装 包装箱高度不宜超过30厘米，放置两层火龙果，周边打若干孔，均匀分布。根据需要采用不同规格包装。出库火龙果采用冷藏车低温运输，分批出库时，防止库内温度急剧变化。

参考文献

CANKAOWENXIAN

蔡永强，向青云，陈家龙，等.2008.火龙果的营养成分分析［J］.经济林研究，26（4）：53-56.

戴雪香，樊莹，范文穗，等.2016.不同授粉方式对火龙果果实发育及坐果率的影响［J］.中国蜂业，67（8）：18-21.

邓仁菊，范建新，王永清，等.2014.低温胁迫下火龙果的半致死温度及抗寒性分析［J］.植物生理学报，50（11）：1742-1748.

谷业理.2014.火龙果栽培搭架的“五度”技术方法［J］.安徽农业科学，42（3）：696，759.

江一芦.2005.攀附性仙人掌果品系分类、开花着果习性与修剪［D］.台北：台湾大学园艺学研究所.

匡石滋，田世尧，段冬洋，等.2016.火龙果液体授粉组合的优化及其效应研究［J］.热带作物学报，37（1）：70-74.

李金平，杨庆军，朱元娣，等.2013.不同切口处理及扦插基质对火龙果扦插苗质量的影响［J］. 中国果树（2）：33-35.

李敏，胡美姣，高兆银，等 . 2012. 海南火龙果采后病害调查及防治技术研究［J］. 中国热带农业（6）：42-44.

李明昌，梁桂东，宁丰南，等 . 2016. 火龙果改良单柱式架及配套标准树型［J］. 中国热带农业（4）：66-70.

李绍华，罗正荣，刘国杰，等 . 2001. 果树栽培概论［M］. 北京：高等教育出版社 .

李所清，李录山，何敏 . 2017. 不同类型果袋套袋对火龙果果实经济性状品质的影响［J］. 四川农业科技（1）：61-63.

李兴忠，王彬，郑伟，等 . 2014. 不同采收期对火龙果果实品质的影响［J］. 天津农业科学，20（8）：95-97，102.

林美英，张国泉 . 2014. 火龙果水肥一体化栽培技术［J］. 现代农业科技（5）：139.

彭绿春，瞿素萍，苏艳，等 . 2014. 火龙果两步成苗组培快繁技术研究［J］. 西南农业学报，27（6）：2529-2533.

王彬 . 2008. 火龙果果实发育规律及果实品质分析［D］. 长沙：湖南农业大学 .

王彬，郑伟 . 2004. 浅谈火龙果园草生栽培［J］. 广西热带农业（1）：22-23.

易润华，甘罗军，晏冬华，等. 2013. 火龙果溃疡病病原菌鉴定及生物学特性 [J]. 植物保护学报，44 (2)：102-108.

余慧琳，张伟，朱一仪. 2009. 红仙蜜火龙果茎段离体快繁技术研究 [J]. 安徽农业科学，37 (9)：3951-3952.

曾建飞. 1999. 中国植物志（第五十二卷·第一分册）[M]. 北京：科学出版社.

张福平. 2002. 火龙果的营养保健功效及开发利用 [J]. 食品研究与开发，23 (3)：49-50.

张建. 2009. 贵州省农村循环经济新范式的研究与应用 [M]. 贵阳：贵州人民出版社.

张绿萍，袁启凤，谢璞，等. 2015. 成熟度对紫红龙火龙果贮藏性能及品质的影响 [J]. 广东农业科学 (23)：117-121

郑伟. 2008. 贵州火龙果病害调查及主要病害防治研究 [D]. 长沙：湖南农业大学.

郑伟，王彬，蔡永强，等. 2010. 火龙果嫁接繁殖技术研究 [J]. 江苏农业科学 (2)：176-177.

周成，刘卫强，吕斌，等. 2014. 火龙果炭疽病鉴别及综合防治技术 [J]. 中国热带农业 (2)：75-76.

Mizrahil Y，Nerd A，Nobel P S. 1997. Cacti as crops [J]. Horticulturae Reviews (18)：291-391.

Nerd A，Sitrit Y，Kaushik R A，et al. 2002. High

summer temperatures inhibit flowering in vine pitaya crops (*Hylocereus* spp.) [J]. Scientia Horticulturae (96): 343-350.

图书在版编目(CIP)数据

火龙果栽培关键技术/蔡永强主编．—北京：中国农业出版社，2017.5（2021.1 重印）
（听专家田间讲课）
ISBN 978-7-109-22927-3

Ⅰ.①火… Ⅱ.①蔡… Ⅲ.①热带及亚热带果—果树园艺 Ⅳ.①S667

中国版本图书馆 CIP 数据核字(2017)第 101896 号

中国农业出版社出版
（北京市朝阳区麦子店街 18 号楼）
（邮政编码 100125）
责任编辑 黄 宇 王黎黎

北京万友印刷有限公司印刷 新华书店北京发行所发行
2017 年 5 月第 1 版 2021 年 1 月北京第 5 次印刷

开本：787mm×1092mm 1/32 印张：4.125 插页：4
字数：80 千字
定价：16.00 元

>>> 火龙果品种

紫红龙　　　　晶红龙

粉红龙

黔果1号

晶金龙

火龙果嫁接苗培育

火龙果扦插苗培育

火龙果组培苗培育

立柱式

A形排架

火龙果生草栽培示范园（菊苣）

火龙果生草栽培示范园（紫花苜蓿）

火龙果整形修剪

火龙果虫害综合防控